JN181200

図説 コーヒー

UCCコーヒー博物館 著

河出書房新社

目次

はじめに

コーヒーは世界中の人々を笑顔にする不思議な飲み物です。毎日飲んでおられる方も多いことでしょう。しかし、そのコーヒーが「イスラム発祥の文化で、そこから世界中に広まったこと」や、「淹れ方についてこの二〇〇年間さまざまな工夫が重ねられてきたこと」、「ちょっとした淹れ方の違いで味や香りが随分変わること」については、あまり関心が持たれていないように思います。流行のコーヒー店で、メニューがわからなくて戸惑ったという経験はないでしょうか。毎日親しんでいる飲み物だからこそ、今さら人には聞けないこともあるのではないでしょうか。この本では、コーヒーの基礎知識を一から十まで、じっくりと解説します。コーヒーを愛し、コーヒーについてちゃんと知りたいという方々のための図説本、いわば紙上博物館です。

はじめに、コーヒーと人類の関係について重要な事柄をいくつか紹介してみましょう。

コーヒーの実は緑色で、熟したものから順に真っ赤な色に変わり「コーヒーチェリー」と呼ばれます。しかし、サクランボの仲間ではありません。実の中心に、半球状の種が二個仲良く向き合って入っています。半球状のもの一個は豆のような形をしているので、「コーヒービーン（豆）」と呼ばれています。しかし、マメ科の植物でもありません。コーヒーは、「コーヒーノキ」というアカネ科の常緑の低木です。アフリカ大陸の東端に近いエチオピアのアビシニア高原に自生していました。

その自生のコーヒーノキの実が有用なものである、と現地の人が「発見」したということについては、二つの伝説があります。

それについては本文で紹介します。

人々は最初、（豆だけではなく）実全体を砕いて煮出した薄褐色のものを、スープやかゆにして「食べて」いました。胃の薬だったと九世紀のイスラムの医学書には出ています。その後三世紀ほど「食べる」ことが続きますが、一三世紀になると、豆を炒って砕いたものを煮出すようになり、液の色は黒っぽく、苦くて、香りが良く、そして飲んでみると、快い刺激と軽い興奮をもたらすものに大変化しました。この「生豆と生火の出会い」は、今考えてみれば、人類史上の重大事件（当時はまだイスラム社会の中のこと）ですが、いつ誰が発明したかということは、実はわかっていません。

焙煎したコーヒーは、イスラムの礼拝所の中で、修行者の眠気防止と休息時の楽しみとして飲まれ、礼拝所の外へは持ち出し禁止でした。それがいつのまにか礼拝所の外へも広がり、コーヒーハウスで供され、熱狂的に愛好されるようになりました。コーヒーハウスの流行はアラビア半島を北上し、オスマン帝国（現在のトルコ）に達します。イスタンブールに最初の華麗なコーヒーハウスができたのは一六世紀半ばです。

イスタンブールはアジアとヨーロッパとの接点ですから、コーヒーの流行がヨーロッパに及ぶのはもう時間の問題でした。しかし、その流行の初め、教皇クレメンス八世に、異教徒ムスリムの黒い飲み物は悪魔の飲み物だから禁止してほしいという請願が出されます。試しに飲んだ教皇は逆に、「あまりに美味、異教徒だけに飲ませるのは惜しい、洗礼を施してキリスト教徒の飲み物にしよう」と言い出しました。一六世紀末あるいは一七世紀初めのことです。

その後一七世紀から一八世紀にかけて、コーヒーハウスがイタリアで大普及を遂げます。しかし、そういう徐々に起きた文化現象はなかなか歴史年表には載りません。イスラム世界からヨーロッパへの伝播の象徴として年表に載る有名な事件は、コルシツキーの物語です。一六八三年のトルコ軍のウィーン包囲からウィーンを守った功績のあるコルシツキーが、トルコ軍が敗走するときに放置していった大量のコーヒー豆を褒美にもらってコーヒーハウスを開き、大成功を収めたという物語です。

その後、コーヒーは飲み物として世界中に広がり、江戸中期、日本にもやって来ます。

他方、コーヒーノキの栽培地も、イスラム圏から外へと拡大していきました。コーヒーの栽培適地は北緯二五度から南は南緯二五度、地球を取り巻く「コーヒーベルト」と言われる地帯ですが、自国内に適地のないヨーロッパ各国は、一七—一八世紀に、植民地での栽培を試みます。とりわけ熱心だったのがオランダとフランスでした。その後、コーヒーベルト上のすべての適地で栽培されるようになります。

コーヒーの淹れ方にも革命的な変化がありました。生豆（なままめ）を焙煎し粉砕したものを煮出す「トルココーヒー」という古くからの淹れ方が存続しながらも、一八〇〇年頃、金属フィルター付き上下二段のドリップポットが考案されます。フランスのドゥ・ベロワによる大発明でした。そのあとサイフォン式やパーコレーター式、エスプレッソマシンなどさまざまな器具が発明されます。要は、粉の混じらない、香り高い、美味しいコーヒーの淹れ方が求められるようになってきたのです。

今、コーヒーという存在は、三つの理由から世界的に注目されています。第一はとても身体によいということから、第二は豆の産地や豆の炒り方、淹れ方にこだわって、微妙な味わいの違いを楽しむことが世界的に流行りだしていることから、第三は、産地の人々の生活や環境がきちんと持続可能なものになっているかということが、消費国でも意識されだしたことから、です。それらについても、この本で詳述しています。コーヒーを飲みながら人に話したら「へぇー！」と言ってもらえるようなトリビアも満載です。この本でコーヒーについて深く知れば知るほど、コーヒーをうまく淹れられるようになり、またコーヒーがいっそう好きになっていくに違いありません。

CHAPTER

1

起源

コーヒーの原種はエチオピアの高原に自生している。その効用に気づいたのは現地に暮らす人たちで、はじめは実を砕いて煮出して食べていた。のちに実の中心にある種だけを焙煎して砕いて煮出すようになり、芳ばしい香りと快い刺激を楽しむようになる。その味わいは長年イスラムの礼拝所の中に秘されていたが、やがて一般人が飲むようになる。それがアラビア半島を北上し、トルコに伝播、やがてヨーロッパに及ぶ。

エチオピアで自生していたコーヒーノキ

下の写真はコーヒー豆を採るために栽培されているコーヒーの苗木である。学名*Coffea arabica* L.、日本名「アラビアコーヒーノキ」、植物分類学的には「アカネ科コフィア属コフィア亜属アラビカ種」である。

「アカネ科コフィア属」には一〇三の種があるが、国際的に取引され、普段われわれが飲んでいるコーヒーは、アラビカ種とカネフォラ種ロブスタ（商取引上は単にロブスタと呼ばれる）の二種。要は、このほかにも野生の仲間はたくさんある、ということである。

コーヒーノキは常緑低木で、毎年白い香りのある花が咲き、丸い実を付ける。実は初め緑色から、熟すにつれて赤色（品種によっては黄色のものもある）、紫色となる。

アラビアコーヒーノキの苗木

コーヒーの実は、中心に硬い豆のような種が二つ合わさって入っており、まわりを柔らかい果肉が覆っている（40頁参照）。果肉部分はやや甘味があり、食べることができる。放置しておくと発酵する。

つまり、そのまま柔らかい果肉の部分を食べたり、それを発酵させたものを飲むなどの利用が先行したと考えられる。実際、コーヒーのアラビア語カーワ（qahwah）、カホウア（cahouah）は、果実酒と同義である。しかし、われわれの興味は、今のような飲み方がどうやって発明・発見されたか、にある。それに関連する有名な発見伝説が二説伝わっている。

第一の説は「ヤギ飼いカルディの伝説」。ヤギ飼いのカルディは、ある日放し飼いしているヤギが赤い実を食べて興奮して跳ね回り出したのを見た。そのことを修道院長に相談し、一緒にその実を食べてみた。すると全身に精気がみなぎり、スッキリした気分になった。それ以後、夜の勤行の時、赤い実を煎じて飲み、睡魔と戦ったという。

第二の説は「シェーク・オマールの伝

エチオピアの高原に今も自生しているコーヒーノキの原生林

説」。イスラム教徒のシェーク・オマールは、罪に問われてアラビアのモカからオウサブというところへ追放された。食べるものもなくひもじい思いでさまよっていると、小鳥が赤い実をついばんで陽気にさえずっているのを見た。その実を煮込んでみると、素晴らしい香りのスープができ、飲むと疲れも消し飛び、心身に活力が沸いた。のちの彼はこの赤い実を用いて多くの病人を救った。その評判は国王にも届き、おかげで罪を許され、モ

コーヒーノキの実。初めは緑色、熟すにつれて赤色、紫色となる。

カに帰ることができた。モカに帰ってからもそこで多くの人を救い、聖者としてあがめられたという。

第一の説では赤い実を直接食べ、のちに赤い実を煎じて飲んだとあり、第二の説では実を煮込んでスープにして食べたとある。いずれも実の芯の豆を炒る話が出て来ず、中途半端である。「生豆と生火の出会い＝焙煎」こそ、コーヒーの味と香りを引き出した人類史上の重要な発見であるはずなのに。

当然、後世の歴史家はこれについて研究したが、誰が、いつ始めたというはっきりとした史料を発見することはできなかった。しかし、その発見の前も後も、焚火の上に深鍋を置いて煮出していたわけであるから、その傍にこぼれていた生豆が焦げて芳ばしい香りになった、それを

ヤギ飼いカルディは、放し飼いしているヤギたちが赤い実を食べて興奮し跳ね回るのを見て、コーヒーを発見した。

イスラム教徒シェーク・オマールは、小鳥たちが赤い実をついばんで陽気にさえずっているのを見て、コーヒーを発見した。

COLUMN

カリオモン（エチオピアのコーヒーセレモニー）

エチオピアで昔から伝えられている、招客や冠婚葬祭などの際に、コーヒーを供する儀式である。その作法やもてなしの心は、日本の茶道に通じるところがある。女性が執り行う。彼女だけが、低い椅子のようなものに座り、客たちは床や青草の上に座る。テーブルは使わない。真ん中をやや凹ませた丸い平たい鉄鍋上で生豆を炒り、その煙と香りを客たちに嗅がせる。次に焙煎の終わった豆を杵と臼で潰して粉にし、ポットに入れてそれを煮る、第一煎は、少量を地面にまき、大地の神に捧げる。そのあと、カップに注ぎ分け、主賓や年長者から先に飲むよう勧める。古式では塩を入れて飲むが、現在は砂糖が一般的で、乳やバターを入れる場合もある。これを正式には豆を炒るところから三回繰り返すので、二時間くらいかかる。

女性が丸い平たい鉄鍋でコーヒーの生豆を炒っている。

煮出してみたという偶然は十分考えられる。一九世紀末に「コーヒーノキとコーヒー」を書いたエデルスタン・ジャルダンは、「それは偶然だったのだ」と結論づけている。生活文化現象というものは概ねそういうものかもしれない。地球規模で、自分の名前を掲げて発見を秒単位で競っている科学研究や発明特許と同じではないのである。

アラビア半島を北上

コーヒーは古くは六世紀ぐらいから飲まれていたのではないか、と言われている。イスラムの医学書に書かれている一番古いものは九世紀末のものである。飲用していたのはイスラムの宗教者たちであり、宗教儀式と夜の修行の場面で、赤色の小さな土器の碗で配られ、飲んでいた。そんな原生の土地からイエメンへ伝わり、一三世紀になると焙煎が始まる。たぐいまれな味、香りを有した飲み物としてのコーヒーは、一五世紀末にはアラビア半島を北上し、メッカとメディナに到達、一五一〇年頃にはエジプトのカイロに伝わった。

しかし、「元気が出る」飲み物を、いつ

コーヒー史画の一シーン（19世紀）
Histoire pittoresque du café, Develly.

までも宗教者が独占しておけるはずはない。普通の信徒が口にし、徐々に宗教とは関係なく世俗の一般的な飲み物になっていく。人々は街角や木陰に集まってコーヒーを飲み、おしゃべりや賭け事、歌や踊りに興じるようになる。謹厳な宗教者は、不謹慎だから一般人の飲用は禁止すべきだといい、為政者は、人々のおしゃべりがいつしか体制批判に高揚していくことがないか、心配になる。何度かコーヒーハウスの禁止令も出されるが、しばらくするとまたいっそうさかんになるのであった。

　この時期、コーヒーについての誤解や不当な弾圧からコーヒーを理論的に守っ

コンスタンティノープルのカフィネット。豪華に飾り付けられた内部の様子（1838年）
Interior of a Turkish Caffinet, Constantinople, T.Allom, gravé par W. H. Capone.

たのが、一五八七年にアブダル・カディールが著した『コーヒーのまっとうなる使い方を擁護する弁論（通称『コーヒー由来書』）』である。これは、コーヒーの正しい由来と、それが健全なる飲み物であることを説き、コーヒーを飲むことに反対し、コーヒーハウスを弾圧しようとする言論に対して反論した。この本は写本で伝わり、アラビアに派遣されていたフランス大使によってパリに持ち帰られ、現在もパリ国立図書館に保管されている。

コーヒーハウスが、ヨーロッパに近い、オスマン帝国の首都コンスタンティノープル（現在のイスタンブール）に誕生するのは、一五五四年のことであった。

そして時代は下り、上の絵は一九世紀に描かれたコンスタンティノープルのカフィネット（コーヒーハウスのこと）である。このような豪華なイスラム風のインテリアは、ヨーロッパの人々のイスラム世界への憧れと重なっていた。

カフェの貴族たち（1754年、ベネチア市コッレール博物館蔵）
Nobili al caffe, J.Grevenbrock, Museo Correr Venezia.

[illegible]

[illegible]

[illegible]

944
Omdat al safuat fi hall al cahuat
De usu legitimo et licito potionis qua
vulgo Café nuncupatur authore Abd-
alcader Ben Mohammed al Ansari.
Constat hic liber capitibus septem, et
ab authore editus est anno hegirae 996
quo anno [illegible] et viginti effluxerant
ex quo huius potionis usus in Arabia
felice invaluerat.

コーヒーに関する最も古い文献。アブダル・カディール著『コーヒーのまっとうなる使い方を擁護する弁論（コーヒー由来書）』（1587年、パリ国立図書館蔵）
Des preuves les plus fortes en faveur de la légitimité de l' usage du café, Abd-el-kadir, Ansari Djezeri Hanabali, Bibliothèque nationale de France.

ヨーロッパへの伝播はイタリアから

イスラム世界の飲み物であったコーヒーがヨーロッパ世界に伝わり始めたのは、一六世紀末か一七世紀初めのこととされている。一六〇五年に亡くなるローマ教皇クレメンス八世が、コーヒーに洗礼を施したという話が残っているからである。

当時、異教徒の黒い飲み物がイタリアで流行り始め、そのことを苦々しく思った謹厳なキリスト教徒が、教皇に禁止してくれるよう請願した。試しにコーヒーを飲んでみた教皇は、逆に、「あまりに美味、異教徒だけに飲ませるのは惜しい、キリスト教徒の飲み物にしよう」と言って、洗礼を施したという話である。

一六一五年にはベネチアに伝わっていたとの記録もある。当初は薬としてであり、価格は極めて高かったという。一六四五年には、イタリア最初のカフェ(caffè)が生まれ、全国的にも広く販売されていたとされるが、確かな証拠はない。ただし一六八三年にベネチアでカフェが開店し、一七世紀後半から一八世紀前半には、カフェがイタリア全土で大躍進したことは確かなようである。今日、英語のコーヒーのスペルにfが重なるのは、このイタリア語カフェからの派生によるもの。このように、ヨーロッパ世界にコーヒーを導入したのはイタリアである。

コーヒーの淹れ方は、イスラムから伝わったとおり、コーヒーの豆を炒って、挽いて、煮出したものである。

イタリアにおける初期のカフェは、ほとんどがいくつかの部屋に分かれ、それぞれの部屋は天井が低く質素で装飾もなく、窓もなく、薄暗いところに、ぼんやりとした灯火があるにすぎなかった。しかし、部屋の中はあらゆる階層の人々が嬉々として集まる場所であった。午前中は商人、法律家、医師、職人などがたむろし、午後から夜の遅い時間までは有閑階級や貴婦人たちが集まって、コーヒーを飲みながら、仕事上の相談をし、情報を交換し、醜聞や噂話を楽しんだ。

最も有名なカフェは、彫刻家カノヴァの友人であるフローリアンという男が一七二〇年ベネチアのサンマルコ広場に開いた店カフェ・フローリアンであった。それは町の社交界の場であり、町を離れる最後に訪れ、町に戻ったときに最初に顔を出す場所であり、他都市からの訪問者が人に会いに来る場所でもあった。その後何度か改装が行われたが、今日も続いている。

次に有名なカフェは、一七六〇年ローマ・コンドッティ通りに創業したアンティコ・カフェ・グレコである。文化の先進国イタリアに憧れて、北ヨーロッパから、ゲーテ、アンデルセン、バイロン、スタンダールなどの作家、劇作家イプセン、リストやメンデルスゾーンなどの音楽家、マリアーノ・フォルトゥーニなどの画家たちがここを訪れたことでも知られている。

ヨーロッパの中でのコーヒー先進国イタリアでは、今日でもコーヒーが好まれている。イタリアの人たちのコーヒー生活は、朝「バール」で一杯のエスプレッソ(英語のエキスプレス=急行の意味)を、文字通り慌ただしくひっかけて、職場に向かうことから始まる。エスプレッソマシンは一九〇六年のミラノ万博で登場して以来、イタリアでは一般的になった。深めに焙煎し極細挽きしたコーヒー粉を、蒸気の圧力で一瞬のうちに抽出する。一杯の量が三〇~五〇mlの濃いエスプレッソを、イタリア人は砂糖を入れて三口くらいで飲み干す。

1760年ローマに開店した「アンティコ・カフェ・グレコ」
Das Café Greco in Rom (1850), Ludwig Passini, Hamburger Kunsthalle.

栽培地の拡大

オランダがアラビアから外へ持ち出す

世界で初めてコーヒーの記述が登場したのは九世紀末のイスラム医学書であった、と先述したが、野生種からの採取ではなく、コーヒーノキの栽培もこの頃から少しずつ始まったものと思われる。

一五―一六世紀にはアラビアのイエメンで集約的に栽培されるようになったが、他国への持ち出しは固く禁止されていた。しかし、禁を破って持ち出し、移植するものが現れる。移植を試みた年が必ずしも栽培に成功した年とは限らないし、記録も断片的で、整合性を欠く部分もあるが、時間軸で並べると次のような様相となる（18―19頁参照）。

最初にイスラム世界からの持ち出しに成功したのは、スペインから独立を勝ち取り、ポルトガルを抑えて当時世界貿易を独占していたネーデルラント連邦共和国（オランダ）であった。❶一六一六年、イエメンのモカからオランダ本国に持ち帰った。❷それを、一六五八年、セイロン島に移植した。

同じ頃、❸一六七〇年頃、イスラム教の巡礼者ババ・ブーダンも、イエメンで栽培されていたコーヒーの種七粒をひそかに持ち出し、インド南部の山岳地域チクマガルルにまいて、栽培に成功した。❹一六九九年には、オランダ人がインド南西岸マラバルから持ち出し、オランダの植民地ジャワ島（インドネシア）に移植した。❺一七〇六年、今度はそのジャワ島からアムステルダムの植物園へ苗木を送った。この苗木がカリブ海諸島や南米への移植の元となる。

フランスも植民地で栽培へ

❻一七一四年、オランダのアムステルダム市長がフランス国王ルイ一四世に苗木を献上した。その苗木はパリ植物園で栽培された。この頃からフランスも栽培地の拡大に深く関与することになる。

❼一七一五年、フランスがイエメンからインド洋マダガスカルの東の植民地ブルボン島（現レユニオン島）へ移植。❽オランダは一七一八年、南米スリナム（ブラジルの北、ガイアナとギアナに挟まれた地）に移植。❾一七二二年、フランスは南米ギアナでの栽培に成功。❿一七二三年、フランスの海軍士官ガブリエル・ド・クリューがパリ植物園から苗木を入手、任地カリブ海のマルティニーク島（フランス領）に運び、移植。航海のあいだ苗木を枯らさないよう、自分の飲み水まで苗木に与えたという逸話は有名である。

ブラジルへ、そしてコーヒーベルトの適地のすべてへ

⓫一七二七年、ポルトガル領ブラジルのパラー州知事は、海軍大佐フランシス・デ・メロ・パリヘッタを、国境問題解決交渉のため、隣国であり既にコーヒー栽培が始まっているフランス領ギアナに派遣、ひそかにコーヒーの苗を持ち帰らせ、ブラジルでの栽培が始まった。彼との恋に落ちたギアナ総督夫人が、別れの花束にコーヒーの苗を忍ばせて彼に与えたという逸話も有名である。

⓬一七二八年、マルティニーク島からジャマイカ（イギリス領）へ移植。⓭一七五〇年、スペイン領グアテマラへ移植。⓮一七六〇年、インドからポルトガル領ブラジル・リオデジャネイロへ移植。⓯一七七〇年、ブラジル・リオからサンパウロへ移植。⓰一七九〇年スペイン領メキシコで栽培開始。⓱一八世紀後半スペイン領コロンビアで栽培開始。⓲一八二五年、ブラジルからカメハメハ二世統治下のハワイへ移植（成功したのは一八二八年）。⓳一八六五年、フランス領ベトナムに、西アフリカのロブスタ種が持ち込まれ、栽培開始。⓴一八七七年、タンザニアへ移植。㉑一八七八年、日本の小笠原で実験栽培開始したが失敗、㉒一八八四年、日本が台湾で栽培開始、㉓一八九二年、英領イエメンから英領ケニアへ移植。さらに㉔一九〇〇年、英領ウガンダへ移植、という次第である。

栽培地の拡大

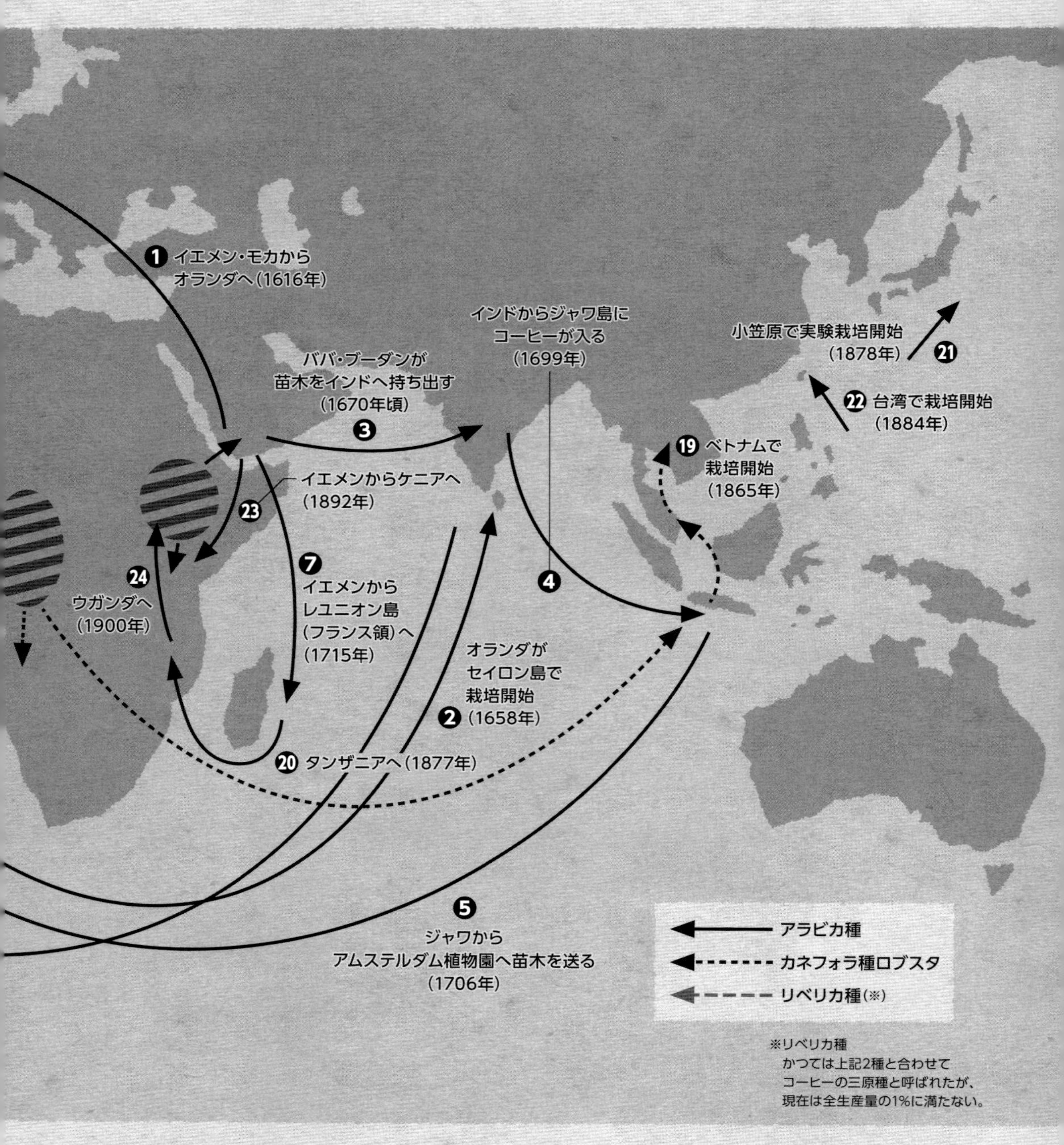

❶ イエメン・モカから
オランダへ（1616年）
ババ・ブーダンが
苗木をインドへ持ち出す
（1670年頃）
❸
インドからジャワ島に
コーヒーが入る
（1699年）
❹
小笠原で実験栽培開始
（1878年）
㉑
㉒ 台湾で栽培開始
（1884年）
⑲ ベトナムで
栽培開始
（1865年）
イエメンからケニアへ
（1892年）
㉓
㉔
ウガンダへ
（1900年）
❼
イエメンから
レユニオン島
（フランス領）へ
（1715年）
オランダが
セイロン島で
栽培開始
❷（1658年）
⑳ タンザニアへ（1877年）
❺
ジャワから
アムステルダム植物園へ苗木を送る
（1706年）
アラビカ種
カネフォラ種ロブスタ
リベリカ種（※）
※リベリカ種
かつては上記2種と合わせて
コーヒーの三原種と呼ばれたが、
現在は全生産量の1%に満たない。

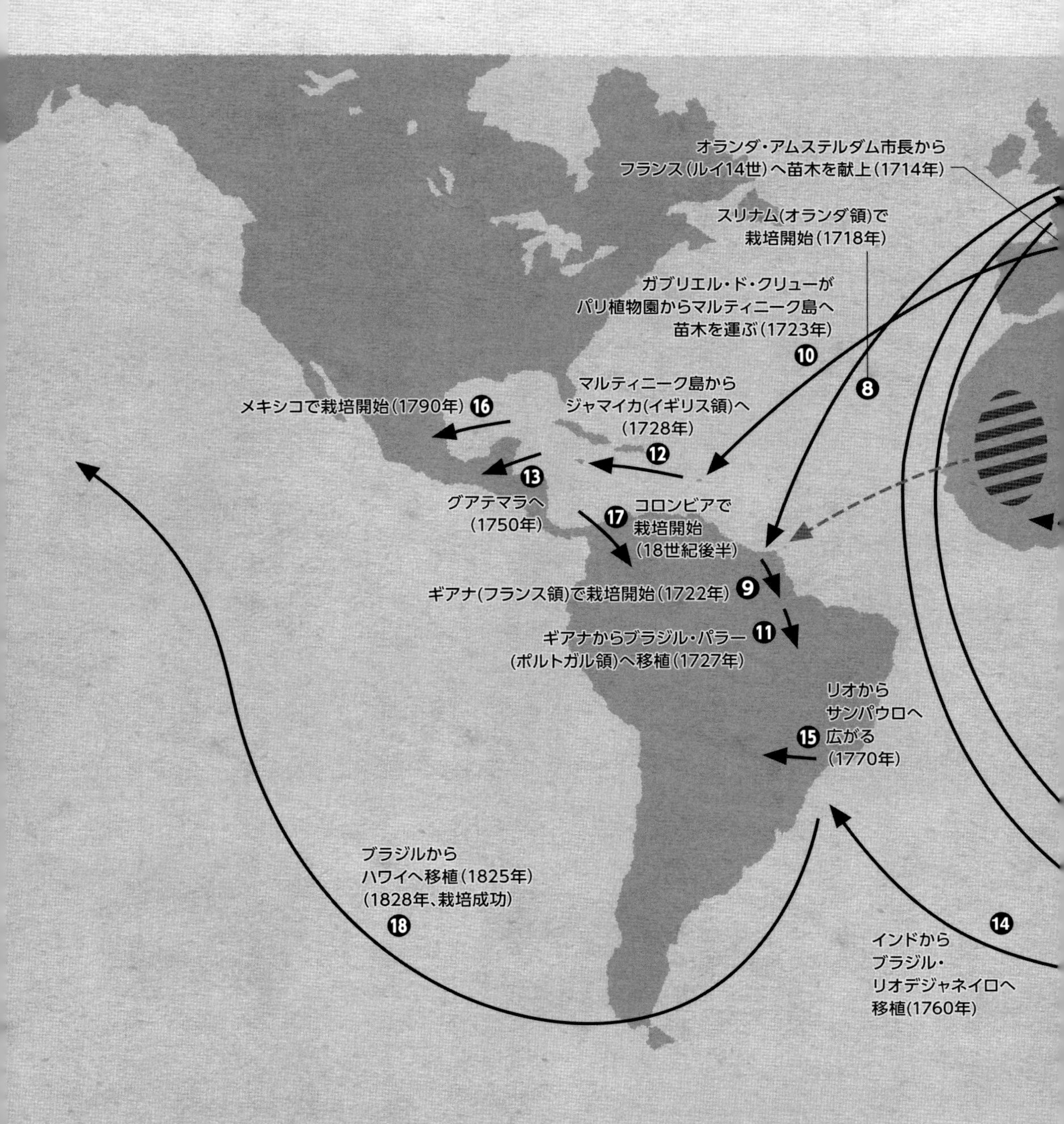

オランダ・アムステルダム市長から
フランス(ルイ14世)へ苗木を献上(1714年)
スリナム(オランダ領)で
栽培開始(1718年)
8
ガブリエル・ド・クリューが
パリ植物園からマルティニーク島へ
苗木を運ぶ(1723年)
10
マルティニーク島から
ジャマイカ(イギリス領)へ
(1728年)
12
メキシコで栽培開始(1790年) 16
13
グアテマラへ
(1750年)
17 コロンビアで
栽培開始
(18世紀後半)
ギアナ(フランス領)で栽培開始(1722年) 9
ギアナからブラジル・パラー 11
(ポルトガル領)へ移植(1727年)
リオから
サンパウロへ
15 広がる
(1770年)
ブラジルから
ハワイへ移植(1825年)
(1828年、栽培成功)
18
14
インドから
ブラジル・
リオデジャネイロへ
移植(1760年)

1683年オスマン帝国による第二次ウィーン包囲
Zweite Wiener Türkenbelagerung, Frans Geffels, Wien Museum Karlsplatz. © Art Archive / PPS通信社

オーストリア
コルシツキーの物語

コーヒーがヨーロッパに伝播したのは明らかにイタリアが先であるが、ウィーンにおけるコルシツキーの物語は、ヨーロッパがイスラム勢力の侵略を食い止めた最後の戦いという事実との重なりから、コーヒーのヨーロッパ伝播を象徴するものとして、より有名な伝説となっている。

一六―一七世紀、東のオスマン帝国は、東ヨーロッパのキリスト教国との攻防を繰り返していた。一五二九年の「第一次ウィーン包囲」と呼ばれる戦争では、ヨーロッパに進出したオスマン帝国がハンガリーを領有し、ウィーンを包囲したが、補給確保の不首尾と寒さで撤退した。一六八三年の「第二次ウィーン包囲」で、オスマン帝国は大軍を率いて再びオーストリアに侵攻した。神聖ローマ帝国の皇帝でハプスブルグ家当主であるレオポルト一世はウィーンを脱出して、イスラム勢力からヨーロッパを防衛するよう周辺国に訴えた。その結果、ポーランドとロレーヌ、バイエルン、ザクセンなどのドイツ諸連邦からなる連合軍が救援に駆けつけ、オスマン帝国軍に総攻撃を加え、敗

コルシツキーがウィーンで開いたコーヒーハウス「青い瓶」
Zur Blauen Flasche, Franz Schams, Julius Meinl, Wien.

退させた。このときトルコ軍陣地を横断する危険な伝令役を何度も務めたのが、かつてトルコ軍通訳も務めトルコの言語と風俗に詳しいフランツ・ゲオルグ・コルシツキーであった。

オスマン帝国軍は戦利品は功績のあった者に配分された。その中におびただしい量のコーヒー豆があったが、誰もその価値を知らなかった。それを褒美としてもらい受けたのがコルシツキーである。彼は、その豆を使って「青い瓶」というコーヒーハウスを開き、ウィーンの人々にコーヒーを飲むことを教え、それがウィーン風コーヒーの始まりとなった。ウィーンのコーヒー業組合はコルシツキーの栄誉を讃え、コルシツキー通りとファフォリーテン通りの角の建物の外壁にコルシツキーの像を作った。

ウィーンの街角に立つ
コルシツキーの像

イギリス ペニー大学

英国で最初のコーヒーハウスができたのは、一六五〇年のオックスフォードであったが、二年後にはロンドンにも開業し、またたく間に二〇〇〇店以上に増えた。

コーヒーハウスの入場料は一ペニー、コーヒー・紅茶は一ペニーから二ペンスであった。学者、作家、僧侶、商人など、あらゆる階層の人々がここに集まった。酔っぱらって戯言をしゃべるパブと違って、コーヒーハウスにおける意見交換では理性、理屈が重んじられた。わずか一ペニーで他人のおしゃべりや議論を聞いて「耳学問」ができ、新聞・雑誌も自由に読めることから、コーヒーハウスは、「ペニー大学」とも言われた。

混み合うコーヒーハウスの中で優先的にコーヒーのサービスを受けるためには、店内の真鍮の箱に「心づけ」としてコインを入れた。箱には、「to insure promptness(迅速を保証するために)」と書かれていた。それが現在も残るtip(チップ、心づけ)の語源である。

一六六六年のロンドンの大火によってコーヒーハウスの一部は焼失したが、多くが再興された。不足するコインを補うためコーヒーハウスでは店独自の「代用硬貨」が発行された。

主婦たちは精力減退剤と攻撃

当時、コーヒーハウスはパブと同じく、女人禁制であったため、夫たちが家庭を顧みず入り浸るコーヒーハウスに怒った家庭の主婦たちが、コーヒーハウス閉鎖を求める請願書を一六七四年市長に提出し、市中にも配布した。いわく「男たちがコーヒーハウスに入り浸ることによって夫婦関係に悪影響が及ぶ」というものであった。男たちも「コーヒーに対する不当な非難から、その液体の効能と美徳を擁護するための返答書」を貼り出した。

コーヒーハウスでの自由な討論や情報交換が政治的な活動に繋がることを恐れた国王が禁止令を出したこともあるが、人々の反対にあって撤回された。やがて女性もコーヒーハウスに自由に出入りできるようになってゆく。

情報センターから保険会社の設立

コーヒーハウスに集まる人々は身分、職業、政治信条などによって徐々に分化していき、身分階層にとらわれない開かれた社交場というより、クラブハウスのようなものになっていった。その一つに

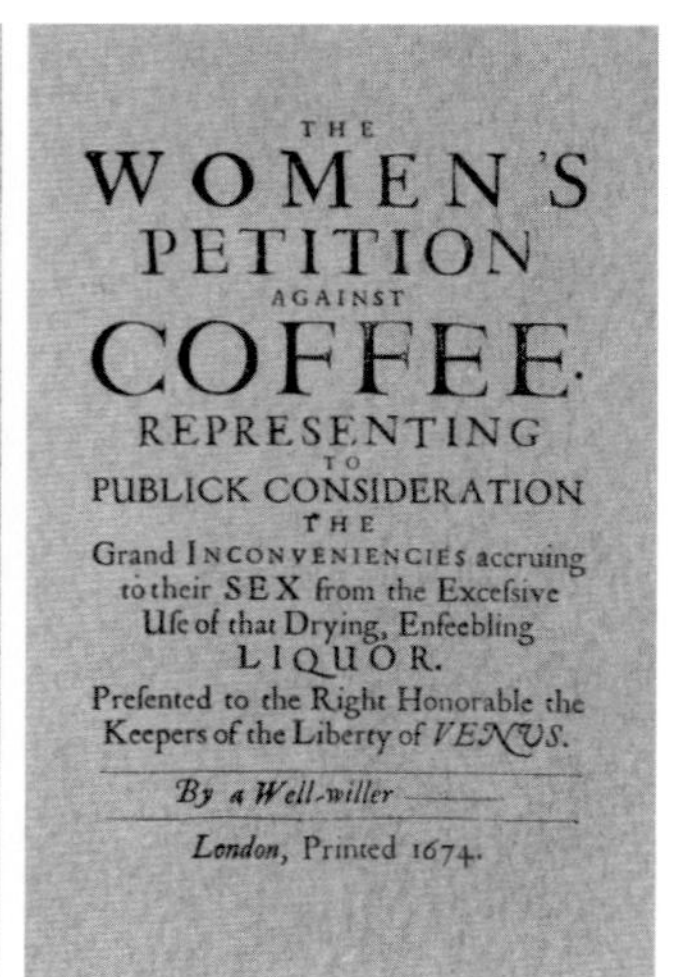
THE
WOMEN'S
PETITION
AGAINST
COFFEE.
REPRESENTING
TO
PUBLICK CONSIDERATION
THE
Grand INCONVENIENCIES accruing
to their SEX from the Excessive
Use of that Drying, Enfeebling
LIQUOR.
Presented to the Right Honorable the
Keepers of the Liberty of VENUS.
By a Well-willer
London, Printed 1674.

THE
Mens Answer
TO THE
Womens Petition
AGAINST
COFFEE:
VINDICATING
Their own Performances, and the Vertues of
their Liquor, from the Undeserved
Aspersions lately Cast upon
them, in their
SCANDALOUS PAMPHLET.
LONDON, Printed in the Year 1674.

(右)主婦たちが出したコーヒーハウス閉鎖の嘆願書
(左)夫たちによる反論。コーヒーを擁護している(ともに1674年)　British Museum

英国のコーヒーハウスは「耳学問」のできるペニー大学であり、情報センターであった。この絵は、カウンターに座る髪飾りをつけた女性がウィスキーグラスを差し出している。炉の近くにはコーヒーポットが並び、テーブル横に立つ給仕がポットからコーヒーを注いでいる。客はタバコを吸ったり、新聞を読んだりしている（銅版画、1700年頃）
Johann Jacobs Museum, Zürich

一六八八年エドワード・ロイドが開いた海上輸送関係の人々が集まるコーヒーハウスがあった。「ロイズ・コーヒーハウス」では一六九六年、世界中の船舶情報を載せた新聞を発行して常連に提供し、海上輸送保険の斡旋を行うブローカーと、その保険を引き受ける資産家のアンダーライター（ネームと呼ばれる）が取引する場ともなっていった。ロイドが亡くなってからも、その組織は王立取引所の中で同じ名前でコーヒーハウスの営業を続け、一七七三年ロイズ保険組合となり、一八七一年法人化された。いつしかコーヒーハウスの営業はなくなったが、世界最大の保険会社はこのようにしてコーヒーハウスから生まれたのであった。

　英国は、植民地におけるコーヒー栽培に関しては完全にオランダに後れをとっていた。一方、一六六二年ポルトガルからのキャサリン王女の輿入れに際し、インドのボンベイを譲渡されたため、アジアから茶を輸入する手がかりをつかんだ。こうして英国では上流社会から茶の流行が始まる。コーヒーの需要が伸びて値段が高騰すると、逆に、値段が下がった茶が、コーヒーハウスでもコーヒーに代わって人気を博するようになる。

パリの「カフェ・トルトーニ」は19世紀初め、当時のメインストリートであるイタリアン大通りに開店。ヨーロッパ中の上流社会の人々で賑わった（石版画）
Café Tortoni (1856), Eugène von Guérard. © Granger / PPS通信社

フランス

フランス文化の揺り籠、そして革命の舞台になったカフェ

オーストリアにはオスマン帝国の敗走でコーヒー豆が残されたが、オーストリアといわば対立関係にあったフランスには、オスマン帝国から平和的にコーヒー豆がもたらされた。オスマン帝国から駐仏大使として遣わされたソマリン・アガが一六六九年に着任したとき大量のコーヒー豆を持参して、ルイ一四世にトルコ式のコーヒーを淹れて献上したのである。この香りのよい飲み物は宮廷からまたたく間にフランスの上流社会に広まっていった。

The Woman Taking Coffee (1774), L.Marin.

この絵は18世紀後半に描かれた、コーヒーを飲む貴婦人の優雅な姿である。当時は熱々のコーヒーをカップからソーサーに移して、冷まして少しずつ飲んでいた。ソーサーというのは、ソース（液状の食物）の容器のこと。移して飲んでいた名残りで、カップに受け皿として付随するようになった（日本の茶托とは機能が異なる）。コーヒーに砂糖やミルクを入れるようになると、かき混ぜたスプーンの置き場所としても皿は必要だったのである。

当時のドイツの本で紹介されたパレ・ロワイヤルの有名なカフェ
Sammlung Gerhart Söhn, Düsseldorf.

一六七二年にはアルメニア人パスカルが、サンジェルマンで二ヵ月間開催された定期市にテント掛けの店を出し、トルコ人の少年たちに、小さなカップに入れたコーヒーを盆に載せて、群衆の中を売り歩かせた。これがかなり評判をとったため、セーヌ右岸に店を開いたがこちらはたいした成功を収めなかった。

　このパスカルの失敗に学び、大きな鏡やシャンデリア、大理石のテーブルなど上品で豪華なインテリアで成功したのが、「カフェ・ド・プロコープ」である。もとはレモネード店であった。当時コメディ・フランセーズが向かいにあり、場所柄、著名な役者や劇作家、小説家、音楽家、思想家、学者などのたまり場となった。ヴォルテール、ルソー、ディドロなどが常連客であった。この店の成功以来、パリにコーヒー店が広まり、一八世紀半ばには六〇〇店、末期には八〇〇店に達した。カフェはまさしくフランス文化の揺り籠であった。

　一七八九年のフランス革命に至る前の激動の日々、マラー、ロベスピエール、ダントン、エベールたちが、このカフェ・ド・プロコープの店内あちこちのテーブルで激論を戦わせていた。片隅には、ナポレオン・ボナパルトもチェスをしながら過ごしていたという。同じ頃、パレ・ロワイヤルの中の「カフェ・フォワ」ではデムーランがテーブルの上に立って群衆に向かって演説をし、バスティーユ監獄へ行進するよう訴え、革命に火を点けている。

　パリで最も洗練されたカフェは、ナポレオン帝政期にヴェローニが開業した「トルトーニ」である。いつもヨーロッパ中の上流社会の人々で賑わい、ロッシーニやマネもこの店の常連であった。

　一七世紀後半から一八世紀初期のカフェはまさにコーヒー店であったが、それ以降は、長時間過ごす客のために食事も

サンジェルマンの定期市
（17世紀の印刷物より）

出すようになったのが、フランスの特徴である。

ドイツ 苦難のすえ、家庭に定着

コーヒーがドイツに伝来したのは一六七〇年代である。一六七五年ブランデンブルクの宮廷に登場し、一六七九年にはイギリス人がハンブルクにコーヒーハウスを開店した。ドイツ北部ではイギリス人が、南部ではイタリア人が、各都市でコーヒーハウスを開いていった。ロンドンのような爆発的な流行ではなかったが、一八世紀に登場したヨハン・セバスティアン・バッハの『コーヒー・カンタータ（カンタータ第二一一番）』（一七三二年）が当時を物語る。

娘は「ああなんて甘いコーヒーの味わい、一〇〇〇回のキスよりも甘く、マスカット酒よりも柔らかな舌触り、もうコーヒーなしではだめ」と歌い、娘のコーヒー好きをなんとしてもやめさせようとする厳格な父親は「コーヒーをやめないと、結婚式を挙げてやらないぞ、いや散歩にだって行かせない、今流行りの鯨骨のスカートも買ってあげない。生涯夫を持つことも許さん」と歌う。とうとう娘

フリードリッヒ大王による反コーヒーキャンペーン（石版画、1780年頃）
Archiv der Firma Eilles, München.

ドイツの家庭の台所。台の上にコーヒーミルが載っている。背の高い歯車付きの機械は肉を回転させながらあぶる装置
Germanisches National-Museum, Nürnberg.

が言うことをきくと言うのだが、娘は「夫になる人には好きなときにコーヒーを飲ませると、結婚契約書に書かせるわ」とひとりごとを言い、最後の三重唱では、「母親もコーヒーのとりこ、祖母もコーヒーのとりこ、誰が娘を責められようか」と歌い上げるのである。

一八世紀半ばになると、コーヒーは家庭に入り、朝食時の食卓における穀物粉末を使ったスープや温かいビールに取って代わり始めた。コーヒー豆のために貿易収支が赤字になることに気づいたフリードリッヒ大王は、コーヒーは健康に良くない、代わりにビールを飲むように、というキャンペーンを行った。

キャンペーンに効果はなかったため、次に大王は、コーヒー焙煎を許可制にした。上流の人々は金を払って許可を得たが、許可なく焙煎した庶民からは罰金を取った。徴税役人はコーヒーの焙煎を鼻で嗅ぎまわり、人々を監視し、密告を奨励し、密告者には徴収した税の四分の一を与えたため、徴税役人と密告者は嫌われた。代用コーヒーも現れた。大麦、小麦、トウモロコシ、チコリ、乾燥イチジクなどが使われた。

ドイツ国民は、このような苦難に耐え

抜き、コーヒーはドイツ国民が愛飲する屈指の飲料となるのである。

アメリカ
移民とともに

北米大陸へのヨーロッパからの移住は一四九二年のコロンブスのいわゆる新大陸発見以前にもあり、一〇世紀末にはヴァイキングが移住していた（しかし、長くは継続しなかった）ことが今では事実として知られている。一六世紀以降、この地にはヨーロッパ各国からたくさんの植民者が入植した。中緯度のバージニアにはイギリス人が、デラウエアにはスウェーデン人が、南部メキシコ湾岸ルイジアナにはフランス人が、フロリダにはスペイン人が、北東部にはオランダ人が入植し、本国の文化を持ち込んでいた。それはコーヒーがヨーロッパに普及した時期とも重なるので、彼らがヨーロッパでコーヒーに親しんだあと、その文化を持ち込んでいたことは十分想像できる。

アメリカに初めてコーヒーを伝えたのは、一六〇六年に一〇〇名の植民団を率いてバージニアに入植し、ジョージタウンを建設したジョン・スミス船長だと言われている。彼にはトルコ滞在歴があり、そこで親しんだコーヒーを持ち込んだとされている。

ニューヨークがニューアムステルダムと呼ばれ、オランダ領だった時代（一六二四—六四年）に、世界のコーヒー貿易を牛耳っていたオランダから持ち込まれていた可能性も十分考えられるが、史実としては残っていない。むしろ茶を先に持ち込んだようである。

ニューヨークでの最も古いコーヒーに関する記述は一六六八年のものである。それによるとコーヒーは、砂糖か蜂蜜を加え、シナモンで香りを付けて飲まれている。ニューイングランド植民地の公式記録にコーヒーが登場するのは一六七〇年である。つまり一七世紀後半から一八世紀にかけて各植民地、各都市にコーヒーが登場している。

しかし、この段階ではコーヒーは茶、ココアと較べて特別な存在ではなかったし、宿屋・居酒屋ではワインやアルコール度数の高い酒類と競合する存在で、ロンドンのコーヒーハウスの盛況のような状況は見られなかった。

ジョン・スミス船長のバージニアへの入植。これがアメリカ大陸にコーヒーが持ち込まれた最初である。

ボストン茶会事件

アメリカでコーヒーが圧倒的に支持されていく契機となったのは、「ボストン茶

1773年宗主国英国による重税に反発し、先住民に扮してボストン湾に停泊している英国船が積載している茶を海に投げ込んだ。以来、アメリカは茶からコーヒーへ。

会事件」である。

これ以前のアメリカでは英国東インド会社の宣伝の効果もあって、むしろ茶に対する嗜好が強まっていた。しかし、植民地に持ち込む輸入品に重税を課した本国に対する反発から、一七七三年ボストン市民は、先住民に扮してボストン湾に停泊している英国船に乗り込み、積載されている茶を海に投げ込んだ。この事件を契機に、英国からの独立戦争が火を噴くと同時に、茶の不買、コーヒー嗜好への宗旨替えが起きたのである。ボストンの「グリーン・ドラゴン」という居酒屋兼コーヒーハウスは、茶会事件の首謀者をはじめ、独立戦争での将軍やポール・リヴィアなど愛国者のたまり場となり、「独立戦争の本部」と呼ばれた。

世界一の消費国へ

植民地から独立したアメリカは、入植者たちにとっては、広大な未開拓の余地のある建国途上の国であった。マナーを気にしながら優雅に飲む茶より、ブリキのカップで無造作に飲むコーヒーは、緊張をほぐし、やる気を起こす、彼らに相応しい飲み物となった。西部の開拓地でも、南北戦争の戦場でも飲まれた。まさに国民的な飲み物である。家庭でも職場でも、浅炒りの豆を使い、いつでも飲めるよう、パーコレーターでたくさんの量を作っておく。人が訪ねてくるとまずコーヒーを勧めるのが彼らのライフスタイルとなった。浅炒りなので色は薄く、苦味が弱く、酸味が勝るが、コーヒー成分が薄いわけではない。「アメリカン」というのは、和製英語であり、「お湯で割っている」というのも全くの誤解である。

アメリカにおけるコーヒーの消費が飛躍的に伸びたのは一九世紀である。一七九〇年に一人あたり年一ポンド（〇・四五kg）だったものが、一八八二年には一人あたり九ポンド（四・一kg）となった。現在の水準に近い量である。その背景には、カリブ海や中南米における栽培地の広がりもあった。

17世紀　18世紀　19世紀　20世紀　21世紀

江戸　明治　大正　昭和　平成

18世紀
栽培エリアの拡大 アジア・中南米へ
Coffee cultivation spreads to Asia and Latin America

19世紀
コーヒー器具の発達 ー焙煎〜抽出器具ー
The development of coffee devices: roasting and extraction devices

20世紀〜
世界的飲料 としての広がり
Coffee spreads as a global beverage

17世紀中頃、ヨーロッパに伝わり、人々がコーヒーを飲み出した。イエメンのコーヒーだけでは足りなくなってくる。

今までコーヒーをあまり飲まなかったアジアやその他の生産国の人々もコーヒーを飲むようになった。

自国では作れないコーヒーをヨーロッパ各国は競って植民地で作ろうとする。

コーヒーベルトといわれる南北緯25度の中の約70カ国の国々でコーヒーは生産されている。

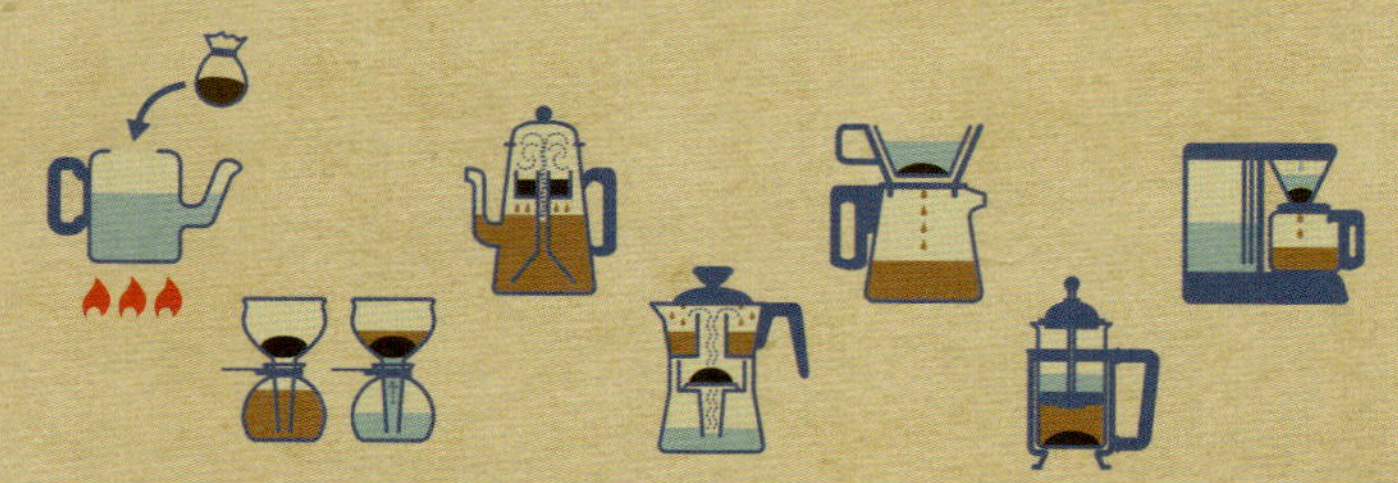

18世紀後半から産業革命が起こり、さまざまな器具が開発された。

コーヒーの歴史

10世紀	11世紀	12世紀	13世紀	14世紀	15世紀	16世紀
平安			鎌倉	南北朝	室町	安土桃

~10世紀

コーヒーの起源はエチオピア

Coffee originated in Ethiopia

11~16世紀

アラビア半島イスラム圏での飲用

Coffee is drunk in the Islamic world of the Arabian Peninsula

エチオピアで食用、酒用としていた。

アラビア半島のイスラム教徒が秘薬として飲んでいた。

エチオピアが起源のコーヒーが徐々にアラビア半島に移った。

アラビア半島で飲まれるようになり、主生産はイエメンに移った。

スープやおかゆとして食べられていた。

焙煎を発見

焙煎したコーヒーを粉にして水を入れ、ぐつぐつ煮出し、濾さずに上澄みを飲みはじめた。
初めは、中には塩や香辛料を入れていた。
これはトルコからヨーロッパに広がったことから、トルココーヒーと呼ばれている。

日本
長崎出島から

日本におけるコーヒー飲用の初めの地は長崎出島であった。ヨーロッパの中でもオランダとは貿易が許されていた。そのオランダが一七世紀半ばに他国に先駆けてセイロンでコーヒー栽培に着手していたことから、それは当然のことであった。一七八二年、蘭学者志筑忠雄の『萬国管窺』（大航海時代のいくつかの旅行記の日本語訳）に、「阿蘭陀の常に服するコッヒィというものは、形豆のごとくなれども、実は木の実なり」と書いてあり、これが我が国の文献にコーヒーが現れた最初の記述であるとされている。

コーヒーを飲んだことを、初めて記した日本人は、長崎奉行所に赴任していた幕臣で狂歌師の大田南畝（蜀山人と号す。一七四九—一八二三年）であるとされている。彼は随筆『瓊浦又綴』（一八〇四年）の中で「紅毛船にて『カウヒイ』というものを勧む、豆を黒く炒りて粉にし、白糖を和したるものなり、焦げくさくして味ふるに堪ず」と書いている。食通の彼でも好きにはなれなかったようである。

しかし、好んで飲んだ日本人もいたことを、出島オランダ商館の医師シーボルトが一八二六年に書いている。彼は、粉に挽いて綺麗な缶か瓶に入れ、長寿に効くと説明書を付ければ日本でも売れるはずだと、オランダに書き送ったのである。

初輸入は幕末、初出店は明治二一年

日本にコーヒーが初めて輸入されたのはいつのことか。安政五（一八五八）年の日米修好通商条約調印を契機に、欧米人の往来が増えればコーヒーの輸入が必要になると、オランダ商館長が幕府に上申している文書が残されている。当時は攘夷論と開国論、勤王か佐幕かで国内が大混乱していた時代であるから、その勧めどおりに幕府がコーヒーを輸入したのかどうか、あるいはコーヒーがいつ初輸入されたのか、今のところ正確にはわからない。しかし、明治新政府ができた明治元年（一八六八）年にはコーヒー輸入の記録があり、それ以前つまり幕末には輸入が始まっていただろうと推察される。当初は、外国人の接遇や、文明開化の飲み物として、政府高官などが利用したであろう。税関の輸入統計で価格と数量がわかるのは明治一〇年からである。

我が国初の喫茶店である「可否茶館」が東京下谷黒門町に開業したのは、明治二一（一八八八）年である。創業者は鄭永慶（一八五八—一八九四年）、家は代々長崎の唐通詞（中国語通訳）、父は外務省権大書記官であった。清国、米国に留学し、英仏支三カ国語に通じていた。留学中にコーヒーハウスを経験し、帰国後大蔵省官吏や英語教師をしていたが、上流階級の鹿鳴館の向こうを張った、ロンドンの「ペニー大学」のような庶民の社交場、情報交換の場の創造を考えていたようである。

その後、例えば「カフェー・パウリスタ」などの有名喫茶店が、明治後半—大正期に次々と現れ、それらはロンドンのコーヒーハウスやパリのカフェ同様、学者や文学者が集い、文学や芸術を論じる新しい社交場となった。作家久保万太郎は『甘いものゝ話』（一九二七年）で、「パウリスタはその当時にあつて、われわれ東京の学生の清新な『珈琲店』といふものゝ存在をはつきりおしえてくれたのである。どんなにわれわれは、あの苦い珈琲の味を、あの濃厚なドウナツの舌触りを愛したらう」と書いている。

普及の初期には、「コーヒー」の音を漢字でさまざまに表現していたが、今日定着している「珈琲」という字を最初に充てたのは、津山藩医でシーボルトとも交遊のあった蘭学者の宇田川榕菴（うだがわようあん）（一七九八—一八四六年）である。「珈」は髪に挿す「花かんざし」、「琲」は「かんざしの玉をつなぐ紐」の意であり、コーヒーノキの赤い実のついた枝の様子が、当時の女性が髪に挿し垂れ下っていた「かんざし」に似ていることから、その漢字を充てたと言われている。彼はこのほか、オランダの化学書や植物学書の翻訳を行い、酸素や炭素、細胞や属など、さまざまな基本的概念の訳語を自ら熟慮・創作し、日本の科学研究の出発に貢献した。

「出嶋館内カピタン部屋之図」 カピタン（商館長）の横、卓上にコーヒーのサイフォンが描かれている。（『長崎唐蘭館図巻』1843（天保14）年、高川文筌画、神戸市立博物館蔵）

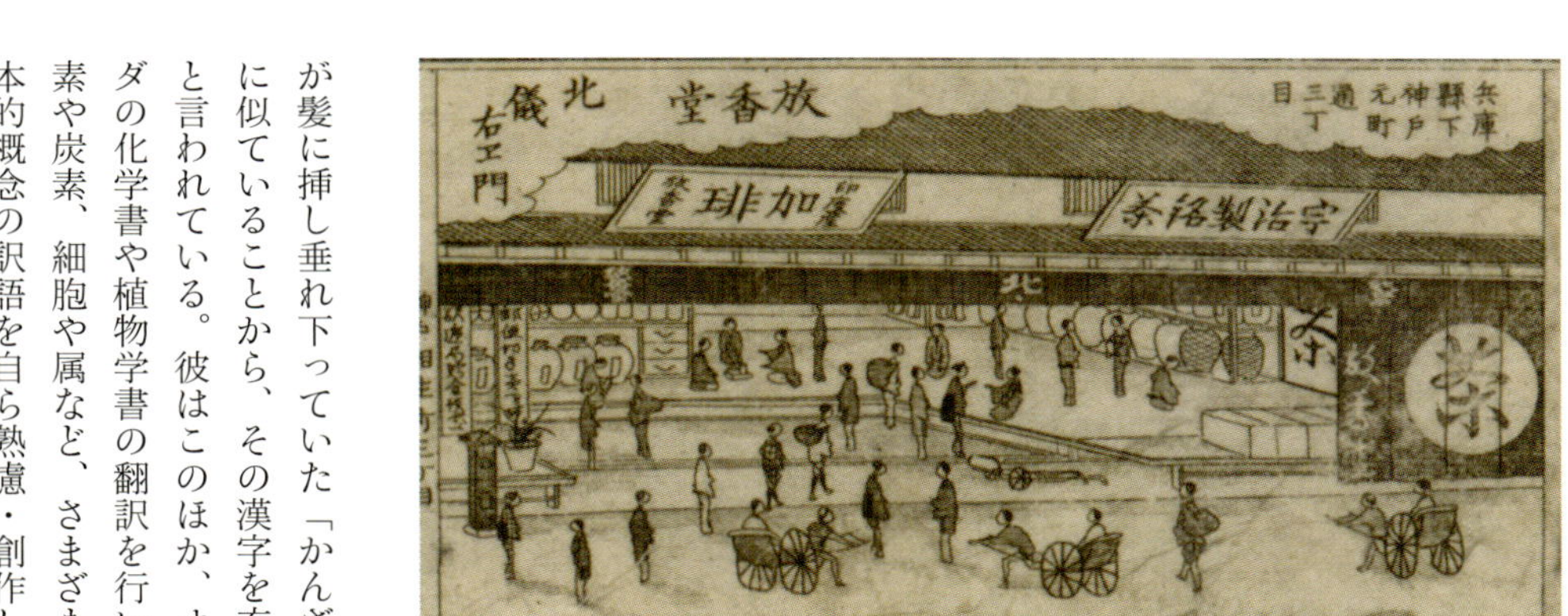

神戸元町にある茶舗「放香堂」ではコーヒーも販売していた。看板よりインド産とわかる。（『豪商神兵湊の魁』1882（明治15）年より、神戸市立博物館蔵）

コーヒーの黄金時代と暗黒時代

大正から昭和初期までが、戦前における日本のコーヒーの黄金時代と言われている。明治時代に年一〇〇tの輸入・消費量を超えることはなかったが、大正三（一九一四）年には一〇〇tを超え、昭和一二（一九三七）年には、八五七tに伸びていた（戦前のピーク）。ミルクホールや洋食店、ホテルなどでコーヒーが一般的に提供されるようになった。文化人が集まっていたカフェーも、大正期には大衆化し普及していった。昭和初期には、コーヒーも出すがむしろ洋酒やビールなどに重点を置き、さらに集客競争の結果、女給の密着サービスを行う店も現れたが、逆に、コーヒーしか出さない「純喫茶」も全国の都市に現れた。

しかし、コーヒーの輸入量が戦前のピークとなったまさにその昭和一二（一九三七）年に盧溝橋事件が起こり、中国での戦争に突入、昭和一六（一九四一）年には米国との戦争が始まった。コーヒーのような一〇〇%輸入品は「贅沢品」として社会から姿を消した。昭和一二年から敗戦に至る約一〇年は日本のコーヒーの暗黒時代であった。敗戦後のどん底のなかで、人々が最も渇望していたものの一つが喫茶店であり、実際、最も早く復活した業種であると言われている。

戦後復興から高度経済成長

戦後復興とともにコーヒーの消費＝輸入も伸びていった。一九五〇（昭和二五）年に四〇tにすぎなかった生豆輸入量は、翌年には戦前のピークを越えて一五〇〇t近くになり、『経済白書』が「もはや戦後ではない」と書いた一九五五年には、五〇〇〇t弱に伸びた。

この時期は「住宅難」で、まだ住宅が十分足りておらず、同年住宅公団が発足して「団地」が盛んに建てられるが、狭い住宅ではひとりでゆっくり憩うことも、客を招き入れることも難しく、そうした場合に昼間は喫茶店、夜は酒場がよく利用された。昼は喫茶店、夜は酒場になる「洋酒喫茶」も登場した。喫茶店どうしの競争から、一杯ずつ手作業で淹れ、職人技で味そのものを追求する店も現れた。

他方、その時代の最先端のものを店に導入して、客を魅きつけようとするさまざまの喫茶店が出現した。心の安らぎを求めて客全員で歌う「歌声喫茶」、レコードとステレオ装置が家庭に普及する前は「音楽喫茶」、テレビが家庭に普及するまでは「テレビ喫茶」。冷房機が普及するまでは冷房機が、カラーテレビが普及するまではカラーテレビが、という具合にである。

戦後の「テレビ喫茶」。西鉄ー阪急戦の実況（1958年撮影、毎日新聞社提供）

高度成長期以後

一九六〇年にコーヒー生豆の輸入が全面自由化され、コーヒー輸入量が初めて一万tを上回った。高度経済成長の中で、喫茶店をはじめ家庭外でコーヒーを楽しむ場所と機会が増える一方、国内生産を始めたインスタントコーヒーが一般家庭へ急速に浸透していった。

一九七〇年代に入って、より本格的なコーヒーを求めるニーズが高まり、サイフォンやペーパードリップで各国産のコーヒーを提供するコーヒー専門店が各地に誕生した。

一九八〇年代に入ると、セルフ式のコーヒー店チェーンが台頭し、気軽に入って、低価格でコーヒーを楽しむスタイルが都市部を中心に急速に一般化した。その一方で、それまでのコーヒー消費を牽引してきた喫茶店の業態転換や廃業が散見されるようになる。日本の喫茶店数は一九八二年の一六万二〇〇〇軒をピークに、減少に転じた。

近年は、シアトル系カフェが流行っており、また、アメリカ発の「コーヒーのサードウェーブ（第三の波）」と呼ばれる動きも注目されている。一方、コンビニエンスストアのカウンターで挽きたて淹れたてのコーヒーが安価で手軽に買えるようになるなど、コーヒーはますます多様化し、コーヒーの飲用は拡大を続けている。

COLUMN

インスタントコーヒー

英語ではインスタント・ソリュブル（すぐ溶ける）コーヒーという。これを世界で初めて作ったのは実は日本人化学者であった。一八九九（明治三二）年、加藤サトリ（シカゴの加藤コーヒー商会）がコーヒー液を濃縮し、粉末にするという方法を発明した。その可溶性コーヒーは一九〇一年バッファローで開催されたパンアメリカン博覧会で出品されて評判になり、同年ボードウィン陸軍大尉の北極探検にも使われた。特許は一九〇三年に取得された（US735777A）が、量産には至らなかった。

ただし、その前の一八九〇年に、デイビッド・ストラングがニュージーランドで特許を取得したのが先という説もある。

その後、G・ワシントンというベルギー生まれの英国人が一九〇六年に別の方法で可溶性コーヒーを発明した。製法は秘密にし、特許は取らなかった。商品名を三度変えたが、最後に「インスタントコーヒー」と名づけた（それが今日一般名称として使われている）。このインスタントコーヒーを表舞台に出したのは、第一次世界大戦であった。彼が製造する全量が軍隊での使用に回された。その後、さまざまの類似品が、アメリカ、カナダで作られたがあまりよい評判は得られなかった。

日本におけるインスタントコーヒーの製造は、一九四二年、海軍の要請で日本珈琲が行った。海軍ではこれを飲用としてよりも、チョコレートやブドウ糖と混合して菓子として利用したという。

戦後インスタントコーヒーが一般に普及するのは、一九六〇年に原料のコーヒー生豆の輸入が自由化され、国内での生産がスタートしたことが契機となる。当時日本各地に登場したスーパーマーケットで販売され、人々は毎日家庭で手軽に飲むようになった。一九六七年フリーズドライ製法が開発され、需要はさらに拡大した。

缶コーヒー

缶入りコーヒーは一九六九年、UCCが世界で初めて開発・生産・販売したものである。UCCの創業者・上島忠雄（一九一〇－一九九三）が、駅の売店で瓶入りコーヒー牛乳を飲んでいた。列車のベルが鳴り、飲み残しの瓶を店に返さなければならなかった。こんな無駄なことをせず、そのまま列車に持って入れて、いつでもどこでも手軽に飲めるコーヒーは作れないだろうか、そこでひらめいたのが、「瓶を缶にすればいいんだ！」という発想であった。

しかし、製品化までの道のりは苦難の連続だった。当時普及しつつあった人工甘味料は使わず、砂糖とミルクを配合し、レギュラーコーヒーから抽出されたコーヒーの「風味」にこだわった。こうして開発した缶コーヒーを、自信を持って市場に送り出したが、商品は同業者からは「邪道だ」という声も出た。

飛躍のきっかけとなったのは一九七〇（昭和四五）年に千里丘陵で開かれた日本万国博覧会（大阪万博）であった。会場を巨大な市場に見立てて、販売に力を入れたところ、会場の客やコンパニオンの間に「美味しい」という評判が広がり、またたく間に注文が殺到するようになった。缶コーヒーの売り上げはうなぎのぼりに伸びていった。それは、自動販売機の力も大きい。冷たいものも、熱いものも出せる自販機の普及は、缶コーヒーだけでなく、清涼飲料水全体の売り上げを伸ばしていった。

当初の缶には、当時のほかの缶飲料などと同様、缶蓋に穴をあける「穴あけ器具」がついていた。

世界初の缶コーヒー（UCC、1969年）

CHAPTER 2

栽培

コーヒーは「農作物」である。その栽培は当然、自然の影響を受けるデリケートで人手のかかる作業である。この章では、農園におけるコーヒーノキの栽培について、種まきから収穫、それに続く脱殻・精製・選別・袋詰めまでを解説する。

種まきから収穫まで

コーヒー農園では、その種まきから収穫まで、どのようなことが行われているのだろうか。

コーヒーノキは畑に直接種をまくのではなく、苗床や育苗用のプラスチックポットで苗を育て、それを農園へ植え付ける。丈夫な木から採取した実から果肉を除去しポットに「種まき1」をする。種をまいてから四〇～五〇日で「発芽2」する。そして、「茎が伸び3」、「葉が出て4」、発芽から二〇～三〇日で「双葉5」が開き、その後三〇日ほどで「本葉6」が出る。

やがて二枚の葉が「対生7」になって出る。種をまいて半年から九カ月後の雨期に、苗が二〇cmから六〇cmに育った段階で、広い圃場に間隔をあけて「移植8」

1 種まき

2 発芽

3 茎が伸びる

4 葉が出る

5 双葉

6 本葉

7 葉が対になって出る

8 移植

9 若木

する。しっかりと根付き、成木になったときに十分枝が広げられるよう、一〜二mほどの間隔をあけて植え付ける。

　移植後約一年経つと「若木**9**」となる。植え付けてから最初の開花まで、早いところでは一八カ月、遅くとも三〇カ月だが、幼木にはわずかしか花が咲かない。実が十分付く「成木**10**」になるには、三〜五年かかる。五年目以降、順調に収穫ができ、六年目から一〇年目が収穫のピークである。それを過ぎた木には若返りの方法を施す。

　コーヒーノキは枝の節に蕾ができ、「開花**11**」する。花は白く、ジャスミンのような香りがする。開花は普通、一斉には起こらず、四カ月くらいの間に、五〜七回に分けて開花するが、咲いた花はわずか三日で枯れてしまう。実がなるのは咲

ブラジルの農園

10 成木

11 開花

12 結実

13 手摘み

14 機械で収穫

除草

薬剤散布

いた花の八割くらいである。

「結実⑫」すると、山椒のような緑色の小さな硬くて丸い実ができ、花弁が落ちる。実が真っ赤になれば完熟である。完熟した赤い実は、サクランボに似ているので、「コーヒーチェリー」と呼ばれる。開花同様、完熟の時期も普通一斉には起こらない。そのため高級豆の産地では、完熟したものから順に「手で摘んで収穫⑬」するが、ブラジルの大規模な農園では効率を上げるため、「機械で一斉に収穫⑭」し、後から未熟な実や熟し過ぎた欠点豆を取り除いている。

この間、コーヒー農園では、「水まき」、「除草」、「薬剤散布」などの作業を行う。

コーヒーの栽培で大事な要件は、土壌と気温と雨量である。土壌は、弱酸性（PH5・5～6・5）で、有機物を多く含むものがよい。気温は、二〇度前後が最適で、雪が降ったり、霜が降りて、急に低温になると木の成長が妨げられたり枯れたりする。年降雨量は平均一六〇〇mm程度で、雨期と乾期に分かれているのが理想的である。雨が全く降らない「干ばつ」になると、木の成長が妨げられたり、枯れたりする。つまり、コーヒー栽培に天候は大変重要な要因なのである。

また、コーヒー栽培は病害や虫害にも注意が必要である。葉に付く菌が引き起こす「サビ病」は伝染力が強く、一つの農園だけでなく、広大な産地を全滅させてしまい、コーヒー生産国の経済を混乱に陥れる恐れもある。一八六八年にスリランカを襲い、一八七六年にはジャワ、スマトラ、一九七〇年にはブラジルでも被害が発生した。また、コーヒーの実を食い荒らす「CBB（コーヒー・ベリー・ボーラー）」という害虫も大敵である。それが一九二〇年頃、ジャワのコーヒー園を壊滅させたという記録も残っている。

これらの病害・虫害を防ぐため、安全性をコントロールした上で、人間に害のない農薬をまく、害虫をおびき寄せるフェロモンを利用したワナを仕掛ける、天敵を利用する、土台に強い木を使って接ぎ木する、交配などで品種を改良する等々、さまざまの研究と努力が、現在も行われている。

コーヒーノキという植物

コーヒー豆は、「コーヒーノキ」というアカネ科コフィア属の木の実の中にある種子である。アカネ科の植物には、根が

COLUMN

日陰づくり

コーヒーノキは、強い直射日光を受け続けると、葉の温度が上がり過ぎて光合成ができなくなり（葉が「焼ける」という）、木の生育が阻害される。そのため、日陰を作るための樹木（シェードツリー）として、バナナやマンゴーなどを日当たり側に植えることが多い。

赤色の染料になるアカネ、実が黄色の染料や漢方薬になるクチナシ、鎮痛剤のキニーネの原料キナノキ、下剤の原料トコン、消炎剤のサンシンなど、アルカロイド（窒素有機化合物）を含み、薬理効果のあるものが多い。アカネ科コフィア属には一〇三の種があるが、その木の実がすべて飲用に適するわけではなく、私たちが飲んでいるのは、そのうち「アラビカ種（*Coffea arabica* L.）」と「カネフォラ種（*Coffea canephora* Pierr.）」の二つの種だけである。近い種として西アフリカ・リベリア原産の「リベリカ種（*Coffea liberica* Bull.）」もあるが、現在ではほとんど生産されていない。

　コーヒーノキは、基本的な栽培条件が整っていれば、同じ品種ならどこに植えても形状は似るが、品質（特に香りや味）は土壌や気候などの条件によって微妙に違うので、産地も重視される。

　「アラビカ種」の原産地はエチオピアである。土壌としては弱酸性が適し、樹高は三m、葉は濃緑、楕円形で、稔性は自家稔性（同じ株に咲く雄しべと雌しべで受粉が成立し種子ができる性質）である。生産されているコーヒーの約六割がアラビカ種である。コーヒーの葉に付くサビ病や、実に付くCBD（コーヒーベリーディジーズ）という病気には弱い。

　「カネフォラ種」の原産地はビクトリア湖周辺から西アフリカであり、低地で湿潤の土地が栽培に適する。低酸性土壌でも栽培が可能である。樹高は三〜六m、葉は表面が波状で、稔性は自家不稔性（同じ株に咲く花どうしでは交雑せず、ほかの株の花粉による受粉で種子ができる性質）である。生産されているコーヒーの約四割がカネフォラ種である。サビ病や、CBDにも強い。味覚的には、ストレートの飲用には適していないが、アラビカ種を補うブレンド用やインスタントコーヒーの工業用原料によく使用される。

　ちなみに、カネフォラ種は一般にはロブスタと呼ばれることが多い。それは、ロブスタが発見されたとき、サビ病に耐性がある期待の新種とされたからである（ロブスタは「強い」の意味）。ところが実は新種でなく、その前年にガボンで発見され、カネフォラ種と命名されていたものと同種の植物だったことが判明し、現在はこれが正式の学名となっている。

COLUMN

木の若返り

コーヒーは一度花が開いて結実した節に再び花が付くことはない。花は年々伸びる新しい枝の先端の節に付く。そのため、10年以上が経つと、生産性が落ちてくるので、主幹を木の根元から25〜30cmのところで切り落とし、幹から出る新しい枝を選んで、新しい幹として伸ばし、木の「若返り」を図る。この手法を「カットバック」と言う。

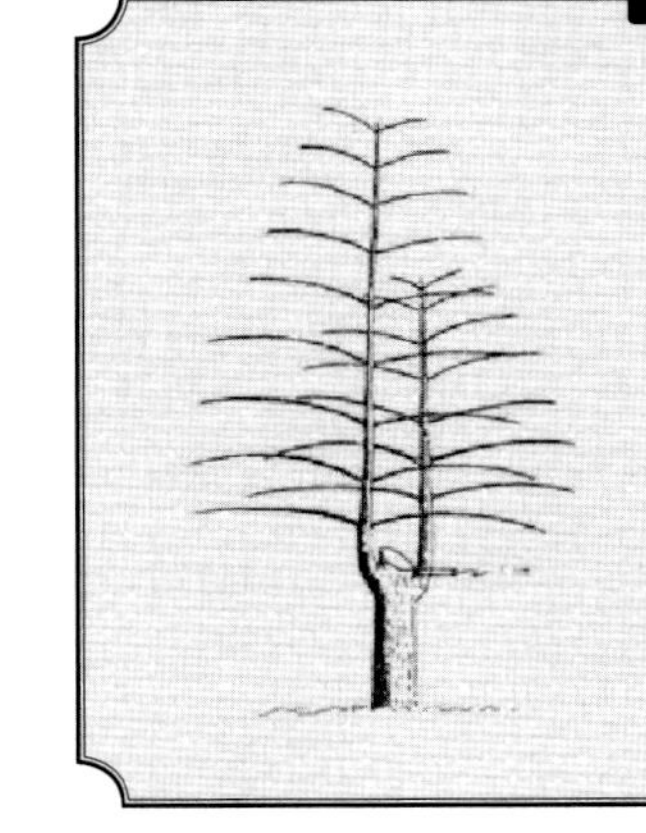

収穫後の加工処理「精製」

収穫した「コーヒーチェリー」の中の、「コーヒー生豆」になる種子には、図のように、外皮、果肉、ミューシレージ（粘液質）、パーチメント（内果皮）、シルバースキン（銀皮）が五重に被っている。そこで、収穫後の加工処理として、こうしたものを取り除き、一番中にある「コーヒー生豆」を取り出す作業が待っている。

収穫後、果肉を除去して生豆にする加工処理の方法には、大きく分けて、水洗式（washed）と非水洗式・ナチュラル（unwashed／natural）の方式があり、地域によってはセミウォッシュド（semi-washed）もある。

外皮
果肉
センターカット
胚乳
シルバースキン（銀皮）
パーチメント（内果皮）
ミューシレージ（粘液質）

水洗式
（ウォッシュド）

水洗式では、まず収穫したコーヒーチェリーを水で比重選別する。水槽に半日から一日漬けておくと、重くて沈むのが完熟豆である。選別された完熟豆を果肉除去機にかけて外皮と果肉を取り除く。この機械にかけると、種子と、果肉・外皮が別々の出口から分かれて出てくる。果肉・外皮は水に浮かせて流し捨てる。

そのあと種子を覆っているぬるぬるしたミューシレージ（粘液質）を取り除くために、水槽に入れて半日から一日漬け置き発酵させる（ファーメンテーションという）。発酵するとミューシレージは自然に分解する。それを待って、水洗いする。

ミューシレージが取り除かれ、濡れた状態の、パーチメント（内果皮）を被った種子を、天日や機械で乾燥させる。この段階のものは、「パーチメントコーヒー」と呼ばれ、まだパーチメントとシルバースキン（銀皮）が付いたままの半精製状態である。

次に、乾燥過程が終わったパーチメントコーヒーを脱殻機（だっかくき）にかけて、パーチメントを取り除くと、ようやく生豆ができ

上がる。でき上がった生豆は緑がかっている。

非水洗式
（ナチュラル／アンウォッシュド）

非水洗式では、収穫されたコーヒーチェリーを、そのまま乾燥させる。収穫したチェリーは、乾燥場にまんべんなく広げて天日乾燥する。全体が平均して乾燥するように毎日数回よくかきまわす。乾燥日数は、天日乾燥で約二週間を要するが、機械乾燥を組み合わせることで日数を短縮することができる。乾燥したコーヒーの実は黒っぽい。

乾燥が終わったら、機械でこれを脱殻(だっかく)して、外皮、果肉からパーチメントまでを一挙に取り除き、生豆(なままめ)の状態にする。ブラジルやベトナム、インドネシアなどでは一般にこの方法が採用されている。

半水洗式
（セミウォッシュド）

代表的な半水洗式精製は、マンデリンコーヒーを栽培するインドネシアのスマトラ島で考案されたものである。収穫したコーヒーチェリーから果肉を除去し、ミューシレージが付着したまま約半日間天日で乾燥させる。この状態で脱殻し、水分を含んだままの生豆を取り出して再び乾燥させる。雨の多い気象条件に対応し、できるだけ短い期間でコーヒーを乾燥させるために編み出された加工方法である。

これとは別に、コーヒーの差別化を図ることを目的に、中米を中心として半水洗式精製を採用する農園もある。スマトラ方式の手順とは異なり、まず収穫したコーヒーチェリーを水で比重選別し、完熟したチェリーを果肉除去機にかけて外皮と果肉をはぎ取る。そしてパーチメントの外側にミューシレージが付いたままで乾燥させるのである。パルプドナチュラルと言われる方式である。ミューシレージが独特の甘さを形成することから、コスタリカやパナマなどではハニープロセスとも呼ばれている。

近年、スペシャルティコーヒーが注目を集めるなかで、ミューシレージの残し方を工夫することによって独自の味わいを引き出し、コーヒーに付加価値を付けていこうとする生産者も現れてきた。

COLUMN

珍重される変わったコーヒー豆

コピ・ルアックという変わったコーヒー豆がある。インドネシアのコーヒー生産地に生息するジャコウネコの排泄物から未消化のコーヒー豆を収集し、水洗いして乾燥させたものである。量が非常に少なく独特の香りがあるということで、一部の人たちがこれを珍重して今も高値で取引されている。見方によっては動物の体内を通過する間に自然に精製されたと言えるかもしれない。近年は、人為的にジャコウネコにコーヒーチェリーを食べさせて増産しているという話も聞こえてくる。

ジャコウネコ　© Rex Features / PPS通信社

1本の木からどれくらいの
コーヒーが採れるの？

What volume of coffee beans
can be harvested from one tree?

木の種類などによっても違うが、1本の木になる
コーヒーチェリーは、およそ3kg。
これを精製して焙煎すると、できあがるコーヒー豆は、
わずか400gほど。
約40杯のコーヒーしか作れない。

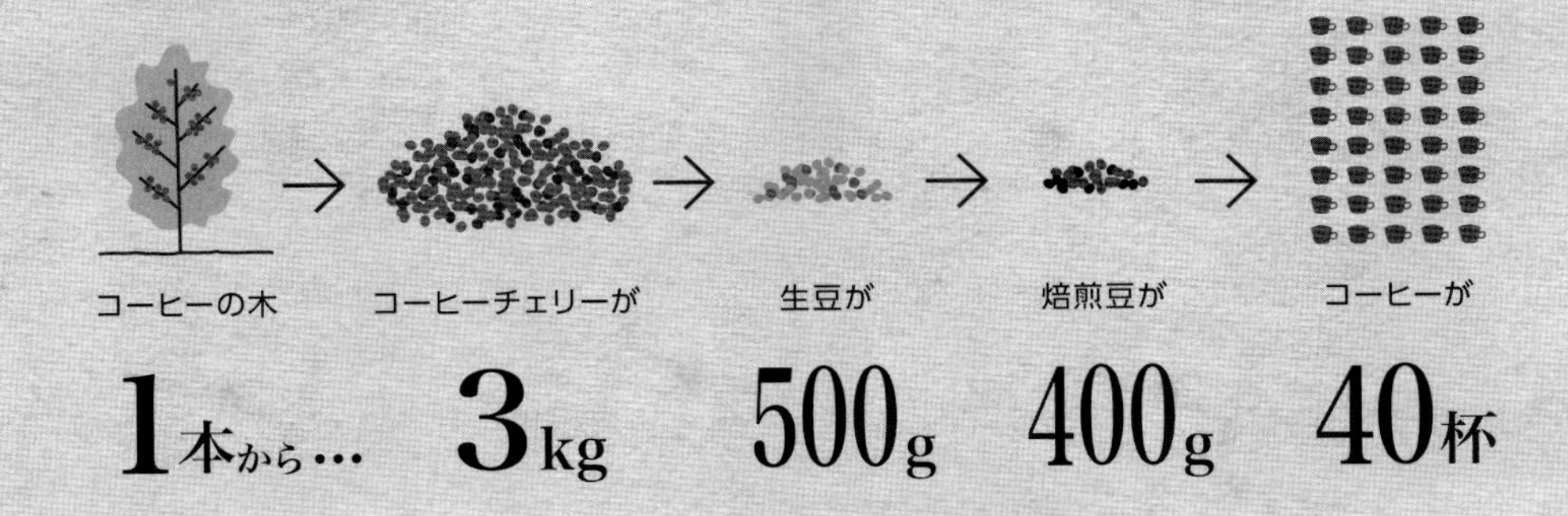

毎日1杯、コーヒーを飲む人なら、
1年間にコーヒーの木10本が
必要になる。

コーヒーの木
10本

365日 ＝

ハンドピック。夾雑物や欠点豆を目で見て、手作業で取り除く。

スクリーン選別。穴の大きさで豆を選んでいる。

選別

こうして得られた生豆は、次に、風で軽い異物を吹き飛ばして最初の選別を行う。次に穴の開いた篩（ふるい）（スクリーン）で、大粒から小粒に分け、比重選別や色彩選別を機械で行ったあと、最後に、残った殻や、砂や小枝などの夾雑物、割れ豆や未熟な豆などの欠点豆を、目で見て手で取り除き（ハンドピック）、一連の選別作業が終わる。

現在は電子選別機が用いられることが多く、選別精度は上がっている。

袋詰め

選別が終わった生豆は、人間が運びやすいように、多くは六〇kgずつ麻袋に袋詰めされる。麻袋は通気性や耐久性に優れていることから多くの国で使われており、お国柄を表すさまざまなデザインとなっている。また、輸出国の管理番号、銘柄、等級、積出港、荷揚港、品種名（「アラビカ」「カネフォラ」の別、一方しか生産していない国の場合は省略される）、ICOナンバー（ロットナンバー）などが書かれている。ICOというのは、一九六三年一二月に発足し、ロンドンに本部を置く、コーヒーの国際協定を管理する「国際コーヒー機構」である。数字は三つの部分に分かれており、最初の数字は輸出国番号、二番目の数字は輸出業者番号、最後の数字はロット番号である。この数字がその生豆の履歴を表していることから、世界のコーヒー統計や輸出国の輸出登録、品質管理や追跡調査に活用されている。麻袋の情報は、コーヒー生豆の素性のわかる「履歴書」のようなものである。最近では、コンテナ輸送が一般的になったので、六〇kg入り麻袋だけでなく、「ビッグバ

コーヒー豆の名前（銘柄）は、生産国や栽培地、積出港に基づいている。麻袋にはさまざまな情報が凝縮されている。

デザインは生産国の特色を表している。

ッグ」と呼ばれる六〇〇kg、一〇〇〇kg、一五〇〇kg入りの大容量の化学繊維の袋も使われるようになってきた。また、ジャマイカ産のブルーマウンテンのうち高級品は、伝統的に麻袋ではなく、樽に詰めて出荷される。

コーヒーベルト

コーヒーノキは種によって多少生育条件が異なるが、栽培には気温二〇℃前後の温暖な気候を好み、年間降水量は一六〇〇mmが最適である。赤道をはさんで南緯二五度から北緯二五度の間の地球を取り巻く帯状の地域が、栽培の適地である。この地域を「コーヒーゾーン」とか「コーヒーベルト」と呼ぶ。ただし、熱帯でも海抜二五〇〇m以上になると降霜、降雪があり、栽培には適さない。コーヒーを栽培している国は、現在世界で70カ国以上ある。

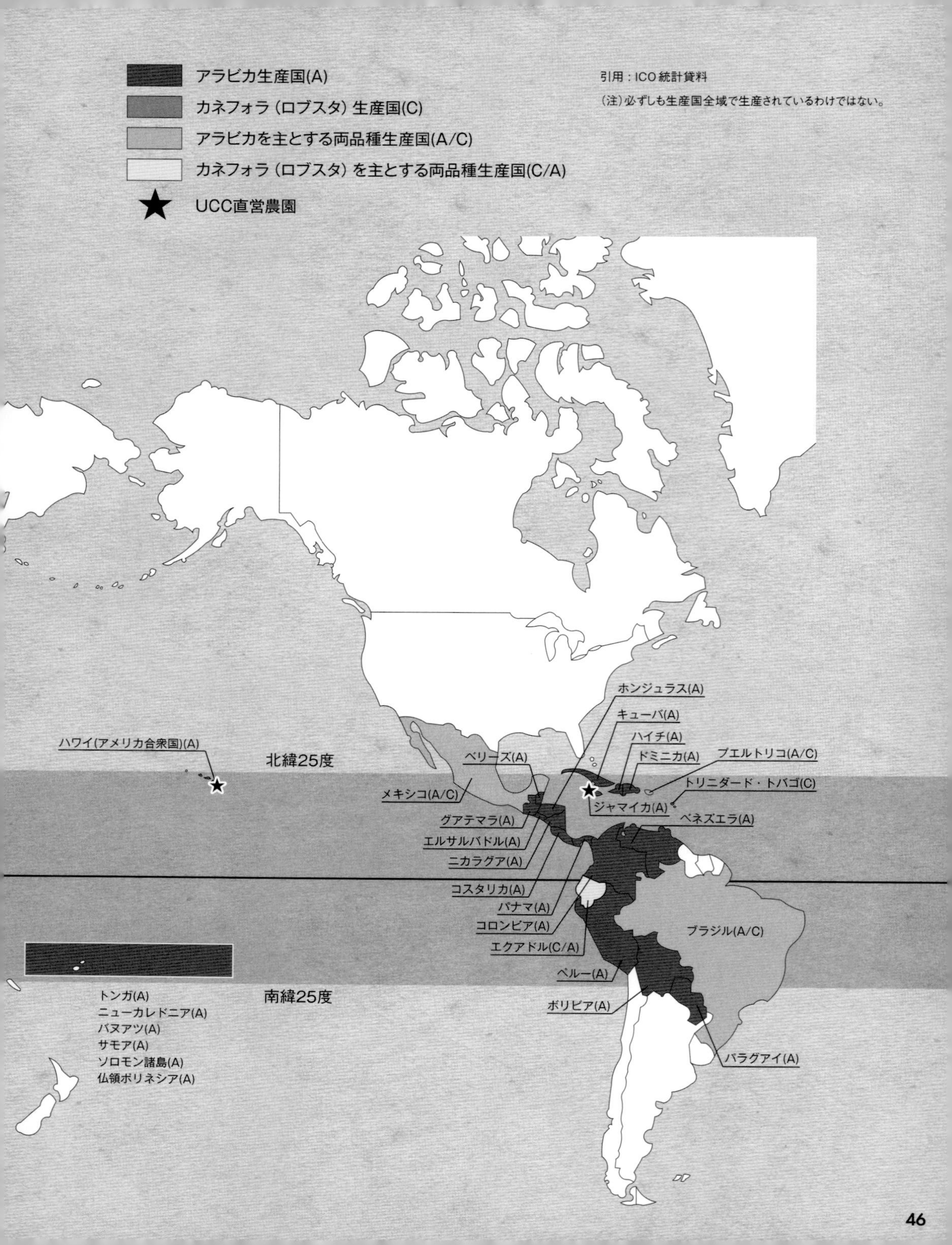

アラビカ生産国(A)
カネフォラ（ロブスタ）生産国(C)
アラビカを主とする両品種生産国(A/C)
カネフォラ（ロブスタ）を主とする両品種生産国(C/A)
UCC直営農園
引用：ICO統計資料
（注）必ずしも生産国全域で生産されているわけではない。
ハワイ(アメリカ合衆国)(A)
北緯25度
南緯25度
ホンジュラス(A)
キューバ(A)
ハイチ(A)
ドミニカ(A)
プエルトリコ(A/C)
トリニダード・トバゴ(C)
ベリーズ(A)
メキシコ(A/C)
ジャマイカ(A)
ベネズエラ(A)
グアテマラ(A)
エルサルバドル(A)
ニカラグア(A)
コスタリカ(A)
パナマ(A)
コロンビア(A)
エクアドル(C/A)
ブラジル(A/C)
ペルー(A)
ボリビア(A)
パラグアイ(A)
トンガ(A)
ニューカレドニア(A)
バヌアツ(A)
サモア(A)
ソロモン諸島(A)
仏領ポリネシア(A)

赤道を中心とした
北緯と南緯各25度の間の地域が
「コーヒーベルト」

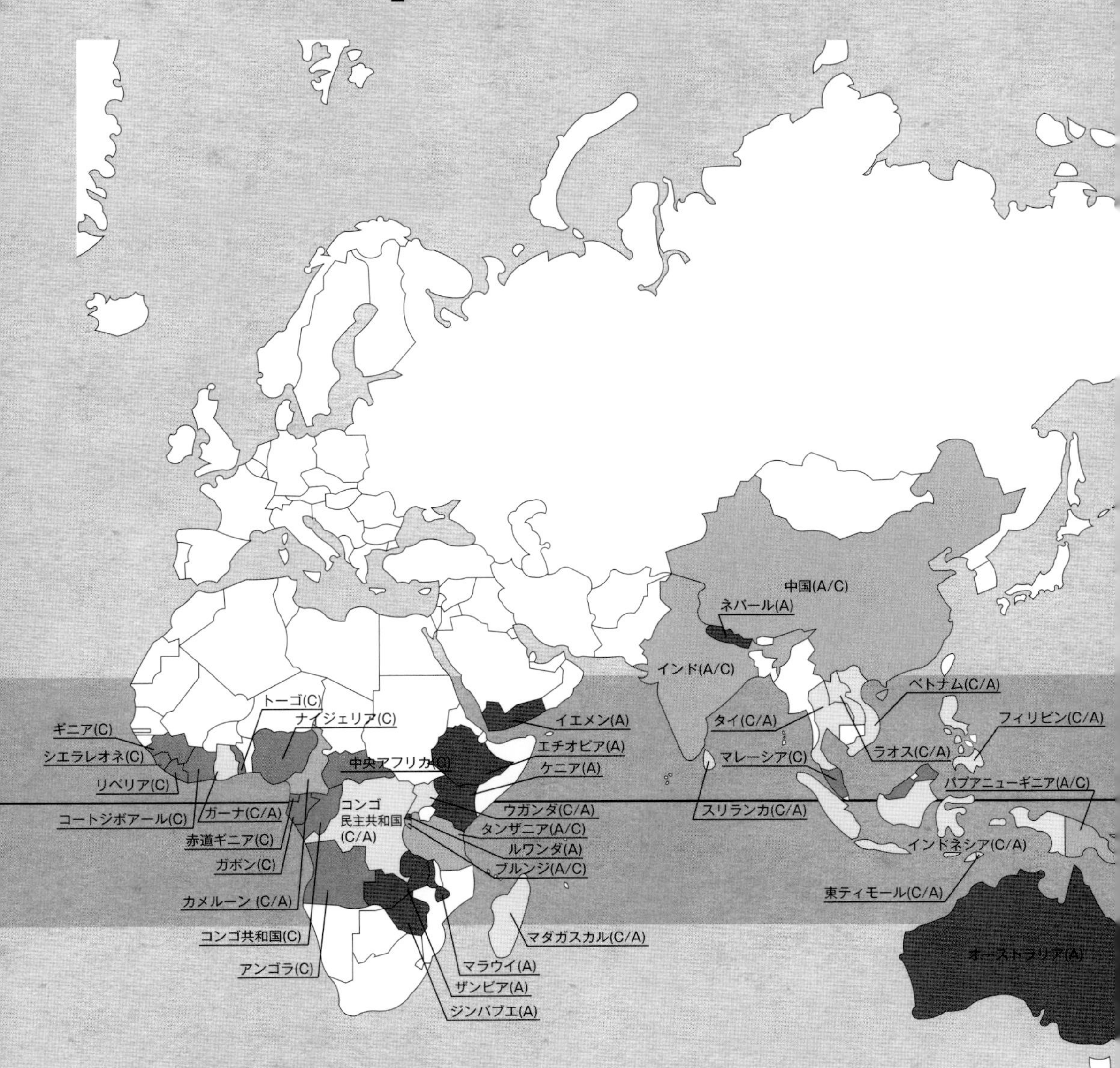

主なコーヒーの生産国

ブラジル

広大な赤い大地に続くコーヒー農園

旧コーヒー取引所の塔とサントス港

コロンビア

コロンビアの収穫

コロンビア農園風景

ジャマイカ

ジャマイカの象徴ブルーマウンテン山脈

手摘み収穫

ハワイ（アメリカ）

海まで続く坂の両側にコーヒー農園が広がる（コナ地区）

手摘み収穫

エチオピア

コーヒー農園。高木はシェードツリー

農園で働く人たちは伝統的な淹れ方でコーヒーを楽しむ

ブラジル

一七二七年、ブラジルのパラ州に北隣のフランス領ギアナから初めて苗木が伝わった。別ルートで一七六〇年インドからリオデジャネイロにも伝わり、一七七〇年にはリオからサンパウロにも伝わった。以後生産量が急激に増加し、一八五〇年には世界最大のコーヒー生産国となった。多くの国で生産されるようになった今でも、世界のコーヒー総生産量の三割以上を占める世界第一位の生産国。しかも米国に次いで世界第二位の消費国でもある。栽培されているのは主にアラビカ種だが、国土が広大なため、栽培地の気候や土壌に合った多様なコーヒーが作られている。

コロンビア

かつてスペイン領であったコロンビアでコーヒーの栽培が始まったのは、一八世紀後半。長い間世界第二位のコーヒー生産国であった。今世紀になってベトナムにその地位を譲っているが、国にとっては重要な産業である。高品質のアラビカ種の生産国として知られる。南米大陸の北端に位置し、カリブ海と太平洋の両方に面しており、赤道直下だが、国土の大半が山岳地帯なので、コーヒー栽培に適する。複雑な気候に合わせ、地域によって上質で多様なコーヒーが栽培されている。スペシャルティコーヒーの取り組みも積極的である。

ジャマイカ

カリブ海にあり、キューバの南に位置する島国で英連邦に属している。コーヒーは、同じカリブ海のフランス領マルティニーク島から、一七二八年に伝わった。首都の北にあるブルーマウンテン山脈の中腹で栽培される。豆は大粒で均整がとれており、味はバランスに優れ、風味豊かで、アラビカ種の最高級品、ブルーマウンテンの名で知られている。この豆だけは、麻袋ではなく、樽に詰めて出荷されることでも有名。

ハワイ

今は米国の一州であるが、一九〇〇年までは独立国であった。その時代一八二五年にブラジルから初めて移植が試みられ、一八二八年栽培に成功した。最も知られている生産地は、首都のあるオアフ島ではなくハワイ島のファラライ山の西麓コナ（風下の意）地区である。そのためハワイコナの名で知られている。アラビカ種の大粒で平たい豆、さわやかな酸味、柑橘系の香りが特長。

エチオピア

コーヒーの原産国で、現在も野生種が自生している。国の中央を北緯一〇度線が通り、その南の高原地帯はコーヒー栽培の適地である。南部のシダモ、南西部のジンマ、東部のハラーが産地として有名。栽培されたアラビカ種は「モカ」の総称で輸出される。コーヒーが国の主要な輸出品であるが、生産量の三〜四割は国内消費用であり、消費国でもある。コーヒー・セレモニー「カリオモン」の伝統は現代にも継承されており、農園でも小さなカップに濃厚なコーヒーを注ぎ分けて飲む姿が見られる。家庭でのコーヒーの作り方も同じで、生豆を鍋で炒って、潰して粉にし、水から煮立て、粉を沈めて上澄みを飲む。砂糖だけでなく、塩やバター、香料を入れて飲むこともある。

ベトナム

一八六五年、西アフリカのカネフォラ種がフランスによって持ち込まれた。一九九〇年代に入って生産量が急速に伸び、今日世界第二位のコーヒー生産国に成長した。近年アラビカ種にも力を入れているが、カネフォラ種に限れば生産量は世界第一位となる。この国では深炒りし、粗めに挽いたコーヒーを、あらかじめコンデンスミルクを入れたカップの上に載せたフィルターに入れ、湯を注ぎ、濃いコーヒーがゆっくりとしたたり落ちるのを待って、かき混ぜるという独特の方法で飲む。

インドネシア

オランダ人によるコーヒーの移植は一六九九年のこと。しかし、一九世紀後半にサビ病の発生で壊滅的被害を受け、病害に強いカネフォラ種へ大転換した。第二次大戦以前は、世界第三位の生産量を誇ったが、大戦中に激減、戦後に復興した。現在では世界第四位の生産国である。「ジャワ・ロブスタ」は苦味に特長があり、ブレンドの際の好適品として名高い。アラビカ種も栽培されており、スマトラ島の「マンデリン」、スラウェシ島の「トラジャ」などは評価が高い。ジャコウネコの糞から取れる希少な「コピ・ルアック」は話題を作ったが、人工飼育によって作られたものも出てきた。コーヒーの生産量の三割は国内消費用である。この国では細挽きのコーヒーの粉と砂糖をグラスに入れ、熱湯を注いで皿で蓋をし、粉が沈むのを待って飲む方法が一般的である。

グアテマラ

一七五〇年スペインの修道士によって苗木が持ち込まれたとされている。国土の七割が高原地帯で、豊かな降雨量と肥沃な火山灰土壌が、コーヒーの栽培に適している。現在ラテンアメリカ第五位のコーヒー生産国である。国の産業としても最も重要な輸出品で、スペシャルティへの意欲も高い。アンティグア、フライハーネス、アティトラン、コバン、フエフエテナンゴなどの産地がある。しっかりした味わいとフルーティで芳醇な香りが特長で、ほかの豆との相性もよく、ストレートはもちろん、ブレンドの香り付けに使用されることも多い。

タンザニア

アフリカ中央部の、インド洋に面した国で、北のケニアとの境にアフリカ最高峰キリマンジァロ山がある。コーヒーはその南麓で栽培されている。もとドイツ領で、第一次大戦後英国領となり、一九六一年に独立した。コーヒーは一八七七年、ドイツ領になる前に移植され、ドイツ統治下でプランテーション栽培が広がった。栽培されているのは主にアラビカ種で、酸味、甘味、コク、香りいずれも優れており、キリマンジァロの名で知られる。ブレンドに使うと深みが増し、コクが出る。

ホンジュラス

カリブ海に面した中米のホンジュラスは、北緯一五度線が国を横断し、大半が高原地帯なので、コーヒー栽培に適している。世界の生産国の十指に入る。フルーティで酸味が柔らかく、バランスがとれていて、日本でも人気がある。ほとんどが手摘みで、スペシャルティコーヒーの生産にも熱心である。

1 ブラジルサントス No.2

2 コロンビア スプレモ

3 キリマンジァロ AA

段飲んでいる、アラビ
種とカネフォラ種の
ーヒー生豆を集めた。
く見ると、種や生産国
よって少しずつ形に特
があるのがわかる。

4 モカ

5 ハワイコナ

リベリカ種
Coffea liberica

ジュメレイ種
Coffea jumellei

ラセモサ種
Coffea racemosa

珍しいコーヒー豆

普段目にすることのない、珍しい種の中にはとても変わった形をしたコーヒーもある。

サンプル提供
Instituto Agronômico de Campinas / FOFIFA

レシノサ種
Coffea resinosa

カパカタ種
Coffea kapakata

よく目にするコーヒー！

1 ブラジルサントス No.2

生産国：ブラジル
種　：アラビカ種

2 コロンビアスプレモ

生産国：コロンビア
種　：アラビカ種

3 キリマンジァロAA

生産国：タンザニア
種　：アラビカ種

4 モカ

生産国：エチオピア
種　：アラビカ種

5 ハワイコナ

生産国：アメリカ合衆国 ハワイ
種　：アラビカ種

6 ブルーマウンテン

生産国：ジャマイカ
種　：アラビカ種

こんなコーヒーもあるよ！

7 ブルボンポワントゥ

生産国：フランス レユニオン島
種　：アラビカ種

ひとことメモ

アラビカ種ブルボンの突然変異で、名前の通り尖った(Pointu)形をしている。18世紀のフランス宮廷で愛飲されていたが、いつしか忘れられてしまった。この豆は、UCCがレユニオン島で原木を探しだし、復活させた貴重なものである。

8 マラゴジッペ(コロンビア)

生産国：コロンビア
種　：アラビカ種

ひとことメモ

マラゴジッペという粒の大きい品種である。コロンビア以外にも栽培している国がある。

インスタント・アイス用によくつかう！

9 インドネシアWIB

生産国：インドネシア
種　：カネフォラ種

10 ベトナムロブスタG-1

生産国：ベトナム
種　：カネフォラ種

カネフォラ種って？
(ロブスタ)

アラビカにくらべてしずく型の粒が多く、丸みを帯びた形が特徴である。

くらべてみよう！ コーヒー豆のカタチ

Compare the shapes of coffee beans

よく観察すると、コーヒー豆は
実にさまざまな形をしている。
見くらべてみよう。

観察してみよう

10 ベトナム ロブスタG-1

9 インドネシア WIB

一般的なコーヒー豆

● … アラビカ種
● … カネフォラ種

8 マラゴジッペ（コロンビア）

7 ブルボンポワントゥ

6 ブルーマウンテン

コーヒーの種類

コーヒーは多くの種（しゅ）、品種にわかれているが、私たちが普段飲んでいるのは、赤い枠で囲まれたアラビカ、カネフォラ（ロブスタ）の2つの種だけである。

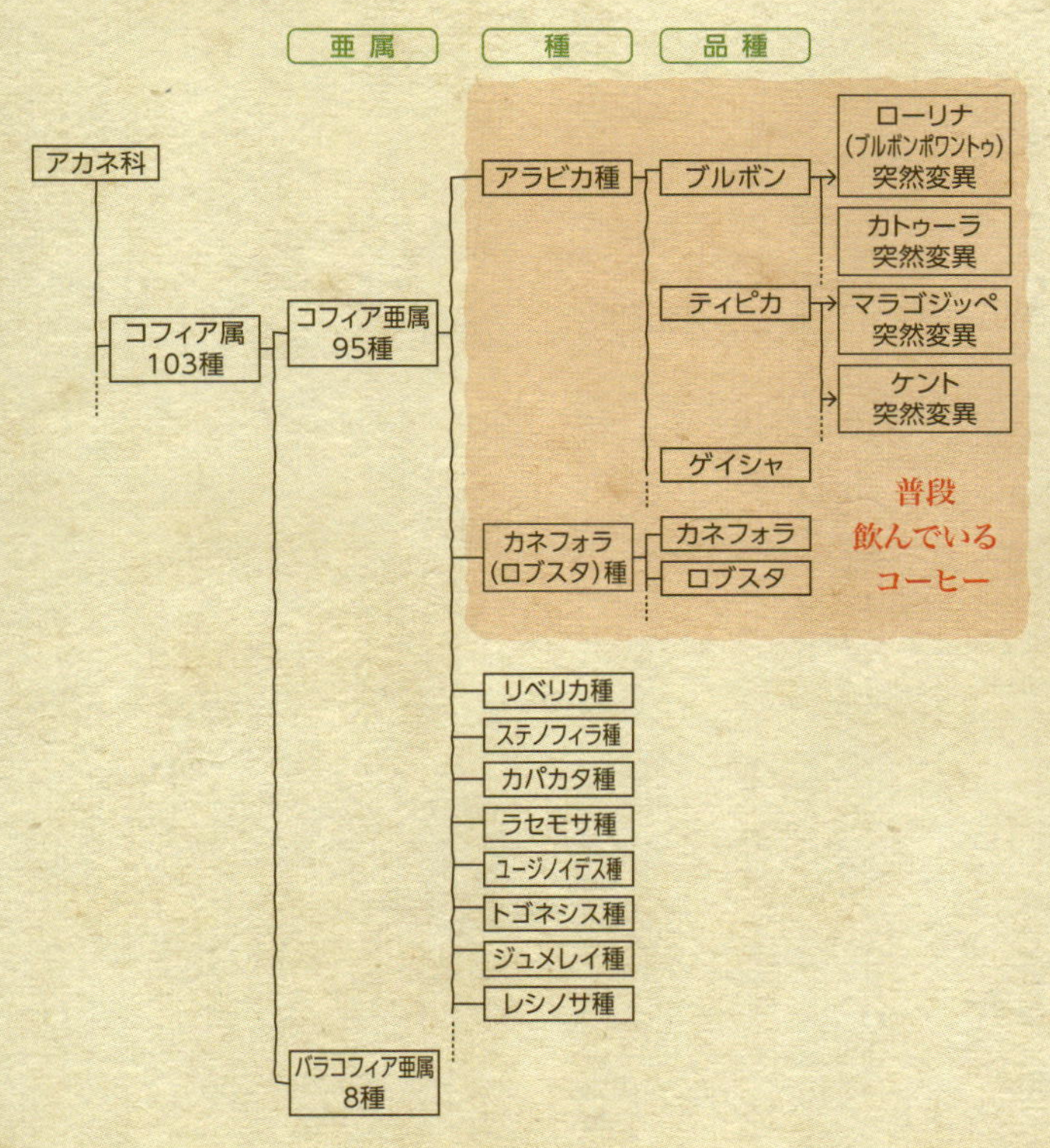

カタチの丸い豆は、ピーベリーと呼ばれる！
通常の豆
ピーベリー

ピーベリー

チェリーの中には通常、種（たね）（コーヒー豆）が2つ入っている。このうち、片方だけが育って丸い形になったものをピーベリーとよぶ。種や品種によって割合は違うが、どのコーヒーにもピーベリーができる。ここで紹介している豆は、ジャマイカのブルーマウンテンピーベリーである。

CHAPTER 3

鑑定

精製されたコーヒーの生豆は、コーヒー原料として流通過程にのる前に、「鑑定士による格付け」が行われ、いよいよ「商品」として積み出されることになる。ここではその過程を紹介する。

鑑定の仕事

「選別」され、麻袋に詰められた生豆は、売り手と買い手が渡り合う取引の場に出ていく。ここで売り買いされる前に、「鑑定」が行われ、等級が決まる。

コーヒーは農産物である。しかも「味」や「香り」を最も重要な価値とする商品である。工業製品のように一定規格で機械生産され、重量や形状をセンサーが読み取り、自動的に品質が管理されるわけではない。コーヒーの生豆の品質管理は、ある程度まで機械化されているが、最終的には「鑑定士（クラシフィカドール・カップテスター）」と呼ばれるスペシャリストの視覚・嗅覚・味覚によって、厳しく検査され、等級がつけられ、「商品価値」が決まるのである。

鑑定士は、麻袋に入っているコーヒーの生豆を一定量サンプルとして取り出し、篩（ふるい）（スクリーン）にかけ、生豆の大きさの揃い具合、構成比をチェックする。

次に、鑑定机の「クラシフィケーション・シート」と呼ばれるマットに生豆を広げて、生豆に混入している夾雑物（小石や小枝など）や欠点豆の数をカウントする。目視によるチェックである。

続いて、サンプルの生豆一〇〇gを取り出して、中炒りに試験焙煎（テストロースト）し、中挽きで、ワンカップ分一〇gずつ計量して、小分けにしておく。この段階で異臭がないかチェックする。

COLUMN

鑑定士ってどんな人？

世界最大のコーヒー生産国として知られるブラジルには、コーヒー鑑定士（クラシフィカドール）の資格制度がある。鑑定士は格付けによってコーヒー取引における商品価値を決定する大切な役割を担っているので、コーヒー作柄や味・香りを瞬時に評価する味覚、嗅覚、視覚を常に研ぎ澄ますことはもちろん、相場感覚やコーヒー豆の買付、輸出などに関する幅広い知識が求められる。ブラジルの代表的なコーヒー輸出港サントスの商工会議所が「コーヒー鑑定士養成学校」を運営しており、ブラジル国内はもちろん、日本をはじめ世界各国から鑑定士をめざす人たちが集まってくる。ここでの勉強と訓練を経て、厳しい試験に合格した人がクラシフィカドールとして認められ、国際的なコーヒービジネスの世界で活躍しているのである。

ucc do Brasil

UESHIMA COFFEE DO BRASIL LTDA.

SANTOS - BRASIL

UCC UESHIMA COFFEE CO., LTD.

KOBE MAIN OFFICE
7-7-7 Minatojima Nakamachi Chuo-ku,
Kobe JAPAN 〒650-8577
TEL. (078) 304-8888 FAX. (078) 304-8879

SANTOS OFFICE
Rua Frei Gaspar, nº 12 - 2º andar - Sala 32
CEP 11010-090 Santos São Paulo BRASIL
TEL. (013) 3219-5354 FAX (013) 3219-3166

GRADING GUIDE FOR NEW YORK TYPES

Grade is based on a volume of 36 cubic inches (the contents of a retangular container of approximately 7. 1/2 length by 4. 1/2 width by 1. 1/8 height).

Two	6
Two / Three	9
Three	13
Three / Four	21
Four	30
Four / Five	45
Five	60
Five / Six	90
Six	120

1 Black Bean	= 1
1 Pod (Cherry)	= 1
2 In Parchment	= 1
2 Sour Beans	= 1
5 Quakers	= 1
5 Unripes	= 1
3 Shells	= 1
10 Brokens	= 1
1 Large Stone / Stick	= 2
1 Medium Stone / Stick	= 1
2-3 Small Stones / Sticks	= 1
2 Half Black	= 1
5 Floaters	= 1

OFFICIAL COFFEE GRADING TABLE BRAZIL TYPES

CLASSIFICATION BY DEFECTS IN TINS OF 300 GRAMS OR 10,5 ONCES

DEFECTS	TYPES	POINTS
4	2	+ 100
4	2 – 5	+ 95
5	2 – 10	+ 90
6	2 – 15	+ 85
7	2 – 20	+ 80
8	2 – 25	+ 75
9	2 – 30	+ 70
10	2 – 35	+ 65
11	2 – 40	+ 60
11	2 – 45	+ 55
12	3	+ 50
13	3 – 5	+ 45
15	3 – 10	+ 40
17	3 – 15	+ 35
18	3 – 20	+ 30
19	3 – 25	+ 25
20	3 – 30	+ 20
22	3 – 35	+ 15
23	3 – 40	+ 10
25	3 – 45	+ 5
26	4	Basic
28	4 – 5	- 5
30	4 – 10	- 10
32	4 – 15	- 15
34	4 – 20	- 20
36	4 – 25	- 25
38	4 – 30	- 30
40	4 – 35	- 35
42	4 – 40	- 40
44	4 – 45	- 45
46	5	- 50
49	5 – 5	- 55
53	5 – 10	- 60
57	5 – 15	- 65
61	5 – 20	- 70
64	5 – 25	- 75
68	5 – 30	- 80
71	5 – 35	- 85
75	5 – 40	- 90
79	5 – 45	- 95
86	6	- 100
93	6 – 5	- 105
100	6 – 10	- 110
108	6 – 15	- 115
115	6 – 20	- 120
123	6 – 25	- 125
130	6 – 30	- 130
138	6 – 35	- 135
145	6 – 40	- 140
153	6 – 45	- 145
160	7	- 150
180	7 – 5	- 155
200	7 – 10	- 160
220	7 – 15	- 165
240	7 – 20	- 170
260	7 – 25	- 175
280	7 – 30	- 180
300	7 – 35	- 185
320	7 – 40	- 190
340	7 – 45	- 195
360	8	- 200

TABLE OF DEFECTS

	DEFECT
1 Black Bean	= 1
1 Large Stone or Stick	= 5
1 Medium Stone or Stick	= 2
1 Small Stone or Stick	= 1
1 Pod	= 1
1 Large Husk	= 1
2 Sour Beans	= 1
2 In Parchment	= 1
2-3 Small Husks	= 1
3 Shells	= 1
5 Unripe Beans (Green Beans)	= 1
5 Broken Beans	= 1
5 Quakers	= 1

クラシフィケーション・シート

生豆に混入している夾雑物や欠点豆の数をはかる

生豆の大きさの揃い具合、構成比をチェックする

テストロースト

香り、酸味、甘味、苦味、欠点となる異臭の有無などさまざまな味の要素をチェックするカップテスト。表面の泡を取り除き、テストスプーンで液を一気に口の中にすすり込み、口の中で霧状にする。液は飲み込まない。

そして円型の回転テーブルに、ガラス製のテスト用カップを一〇個ずつ並べ、計量しておいたコーヒーの粉を入れる。それに沸かしたての熱湯をまんべんなく上から注ぐ。お湯を注いだら、それをかきまわしながら順に香りを嗅ぐ。表面の泡を取り除き、テストスプーンで液を口の中に一気に勢いよくすすり込み、口の中で霧状にする。こうすることによって、口の中全体を使って味の判定を下す。液は飲み込まない。一回では完全な風味テストができないことがあるので、それを三回繰り返す。これが「カップテスト」である。

このカップテストによって最終的に生豆の等級を付ける。国によって何段階に格付けするかは異なるが、ブラジルの場合、次の六段階に格付けされる。①ストリクトリー・ソフト（刺激や不快な味が全くない良質コーヒー）、②ソフト（異味・異臭のない柔らかい味）、③ソフィティッシュ（ソフトに近い味）、④ハード（舌に残る味、渋味のあるコーヒー）、⑤リオイ（ヨードフォルムに近い匂いのコーヒー）、⑥リオ（薬品臭がある）。このうち①から③までをまとめて「ソフト」と言い、輸出基準を満たすコーヒーとされる。

ベルトコンベアでコンテナに積み込む

ビッグバッグの輸送はフォークリフトとクレーンで

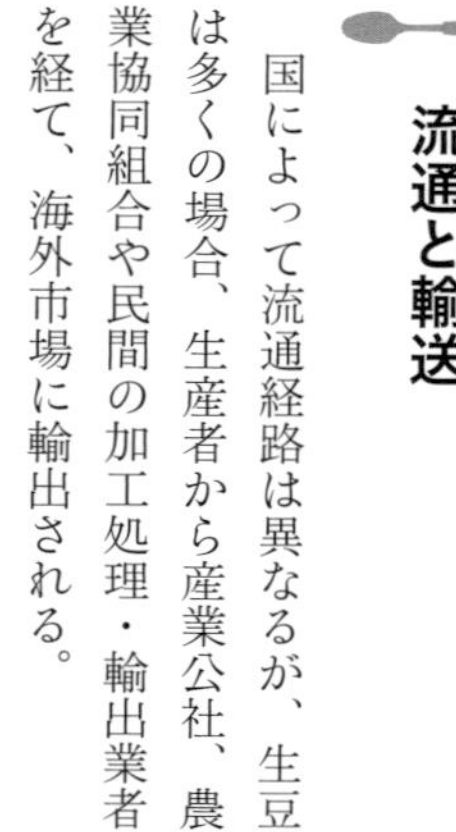

流通と輸送

国によって流通経路は異なるが、生豆は多くの場合、生産者から産業公社、農業協同組合や民間の加工処理・輸出業者を経て、海外市場に輸出される。

生産国から消費国へ輸出される生豆は、一般に麻袋に入れられ、さらにそれがコンテナに入れられて、船積みされ、消費国に送られる。

かつては船積みも荷下ろしも、港湾労働者が肩にたくさんの麻袋を積んで運び入れたものだが、一九六〇年代後半から、鋼鉄製の大きな箱（コンテナ）のままクレーンで船に積み込み、到着した港では船からそのコンテナを、そのままトラックに積み込むという輸送方式が世界中に普及したため、港湾での荷捌きが非常に省力化され、時間短縮とコスト軽減にもなった。

コンテナ輸送にあたっては、コーヒーを積み込む直前に入れられていた貨物の匂いがコーヒーに移染しないかを確認し、赤道通過前後の温度差で発生する結露を予防するため、コンテナの内面に防湿紙を貼りめぐらせるなどの品質管理策が講

昔の船積み（麻袋のまま）

現在はコンテナ船を使う

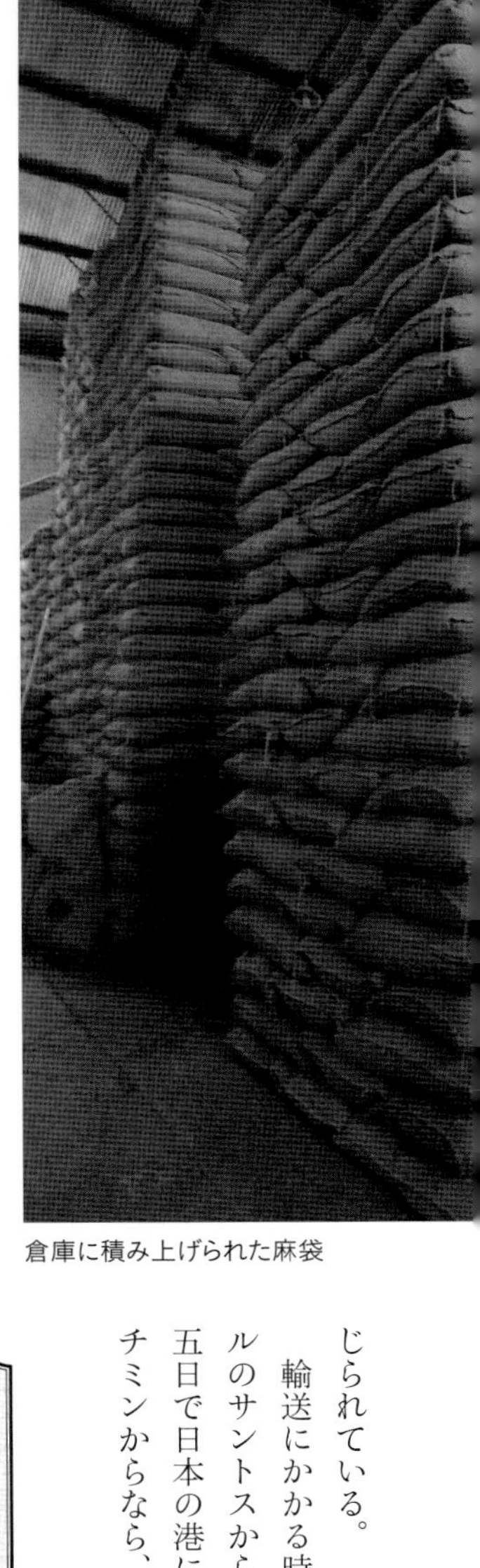

倉庫に積み上げられた麻袋

じられている。

輸送にかかる時間は、例えば、ブラジルのサントスからなら、赤道を超え約四五日で日本の港に届き、ベトナムのホーチミンからなら、約一〇日で日本に届く。

COLUMN

クロップ

コーヒーの生豆は農産物であるから、収穫年も商品情報の重要な項目である。生豆は経年によって品質が変化し、一般的には香りが弱く枯れた味わいになってしまう。ただし個性の強いコーヒーについては、古くなることで角が取れ、まろやかな風味に熟成する、という考え方もある。そこで、クロップ（crop 作物）という言葉がある。当年度に収穫され、翌年度の初期に船積みするコーヒーを「ニュークロップ」と呼ぶ。現在流通している当年度産のコーヒーを「カレントクロップ」、前年度産は「パーストクロップ」、前年度よりさらに前に収穫した生豆を「オールドクロップ」と呼ぶ。

CHAPTER

4

焙煎

生豆は、「火」との運命の出会い、すなわち「焙煎（ロースト）」によって、いよいよコーヒー独特の味わい、香りが生まれる。本章ではその焙煎と焙煎された豆のブレンド、そしてその豆を挽くグラインドについて紹介する。

ミディアムロースト

シナモンロースト

ライトロースト

生豆

焙煎の流れ

ホッパーから投入された生豆（なままめ）は、ロースティング室(ロースト釜)に送られ、熱風と触れることにより焙煎されていく。炒りあがった豆は冷却機に送られる。

1 生豆

焙煎前の生豆は緑色がかった色をしている。
この時はまだ、コーヒーの味や香りはない。

2 焙煎

熱を加えて香りや味をうみ出す作業が焙煎(ロースト)である。
同じ生豆でも、焙煎度によって味や香りは大きく変わる。

3 冷却

炒りあがった豆は、焙煎が進み過ぎないように素早く冷却される。

焙煎とは

「炒る・焙煎する」とは、食材に媒体を使わず直接熱を加えることによって、食材を適度に焦がし、食材が内部に隠し持っている風味や味を引き出すことである。

　コーヒーの生豆は非常に硬くて、そのままでは有効成分をお湯で引き出すのが難しい。焙煎すると、生豆に含まれている水分が表面近くから水蒸気になって抜けていったん表面の細胞組織が収縮し、中まで熱が通ると今度は内側から膨張し、先の収縮との相互作用で、内側から破裂する（「ハゼる」）。すると、穴だらけのスポンジのような多孔質の構造になり、閉じ込められていたカフェインその他の成分が露出し、揮発しにくい油性成分も表面ににじみ出してきて、味と香りの成分

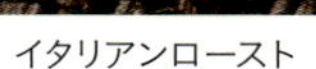
イタリアンロースト

フレンチロースト

フルシティロースト

シティロースト

ハイロースト

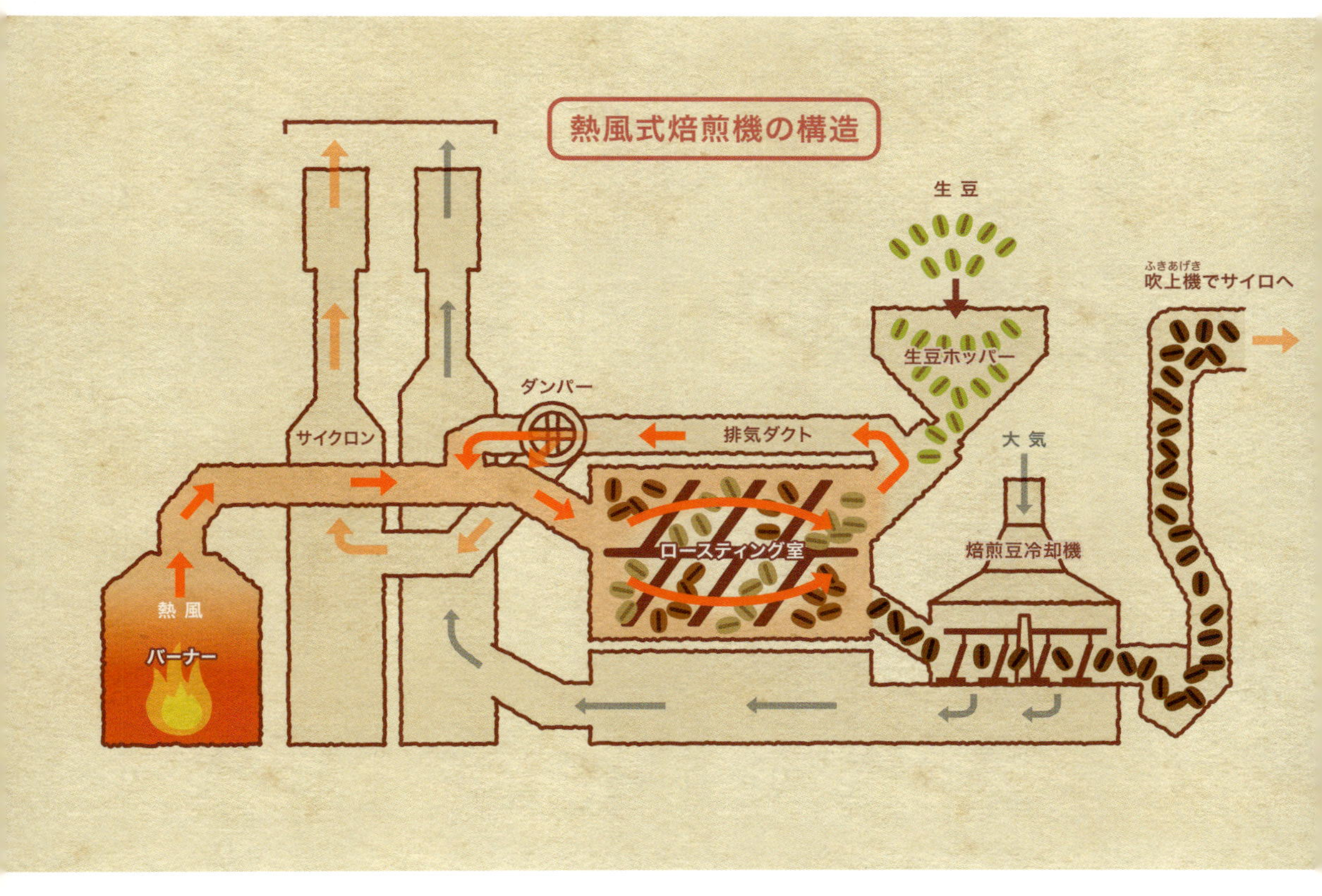

がお湯に溶け出しやすくなるのである。

焙煎度は上の写真のようにライトローストからイタリアンローストまで八段階に分かれるが、大まかに、浅炒り・中炒り・深炒りの三つに区分してもよい。浅炒りほど酸味が強く、深炒りに近づくほど、苦味を感じるようになる。

酸味は、生豆に元々含まれているクエン酸やリンゴ酸のほかに、焙煎の熱によりショ糖やクロロゲン酸から新たに多くの有機酸が生成され、味覚に影響を及ぼしている。一方、苦味は、従来、カフェインの作用によるものとされてきたが、現在は生豆中のクロロゲン酸が焙煎の熱で別の成分になり、コーヒーの苦味を形成する一番の要因になっているという説が有力である。

焙煎の加減次第で、苦味と酸味がほどよくバランスのとれた味になる。

色については、浅く炒ると褐色が薄く、深く炒ると濃い褐色から黒色に近づく。また深く炒ると、油性成分が多く溶出して、表面に油を塗ったように、黒光りの光沢を持つようになる。

焙煎した豆を買うときは、生豆の産地・銘柄だけでなく、焙煎の程度とその性質を理解して選ぶのも楽しいものである。

焙煎機

家庭で焙煎を体験しようとするなら、生豆を手網焙煎機に入れてコンロの直火で加熱するのがよい。豆の色がだんだん褐色に変化し、パチパチとはぜる音を聞きながら自分で豆を炒り上げていくのは楽しいものだ。しかし炒りムラが出ないように手網を振り続けるのは根気のいる作業であり、煙や煤も出るので、家庭で日常的に焙煎することは実際的ではない。

手網焙煎機

コーヒー専門店や工場で使われている焙煎機は、一回あたりの焙煎量が五kg程度から三〇〇kgを超える大型のものまでさまざまだが、基本的な焙煎の方式は次の三種類になる。

直火（ちょっか）式：生豆の入ったドラムの下に熱源（バーナー）を置いて焙煎する。ドラムには全面に小さな穴が開いていて、炎や高温の熱風が直接豆に当たるため、炒りムラができやすく、豆の中心部まで均一に焼き上げるには高い技術が必要であるが、香りやコクをストレートに引き出して、個性的な味を創り出せる。

熱風式：生豆の入った回転ドラムへ、別にバーナーで作った熱風を、吹き込んで炒り上げる方式で、熱風の温度や風量、時間を細かく調整できるので、求める味、香りを安定的に創り出すことができる。熱風を循環再利用する省エネルギータイプもある。

一九三四年ジェーブズ・バーンズ&サン社の発明した「サーマロ方式」はコーヒー豆に熱い鍋肌を接触させたりせず、二〇〇度から二五〇度程度の熱風を吹き込み、ドラムを回転させつつ、中で羽を回転させて豆をかきまわして焙煎するもので、熱効率もよく、炒りムラが全くなく、焙煎機の発達史上画期的なものであった。今日、焙煎工場で使われている焙煎装置は、この機械をさらに改良したものである。

半熱風式：生豆の入ったドラムの下に熱源を置いて加熱しながら、その熱源で作った熱風をドラムに吹き込む方式で、ドラムには穴があいておらず、火が生豆に直接当たらないので、炒りムラが少なく、安定して焙煎することができる。

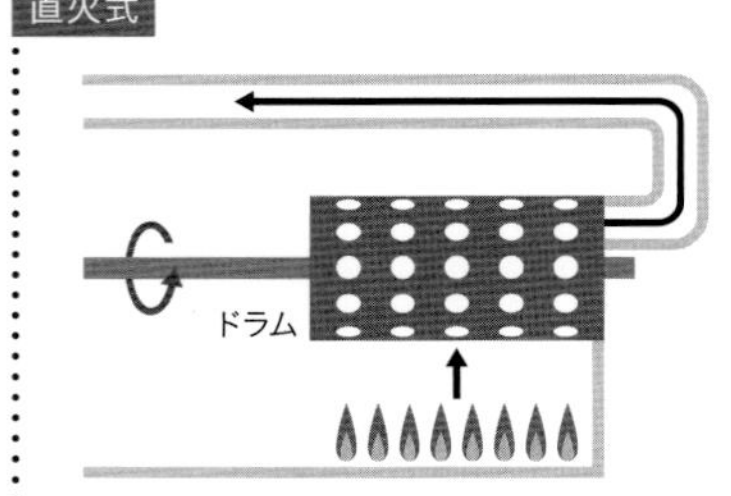

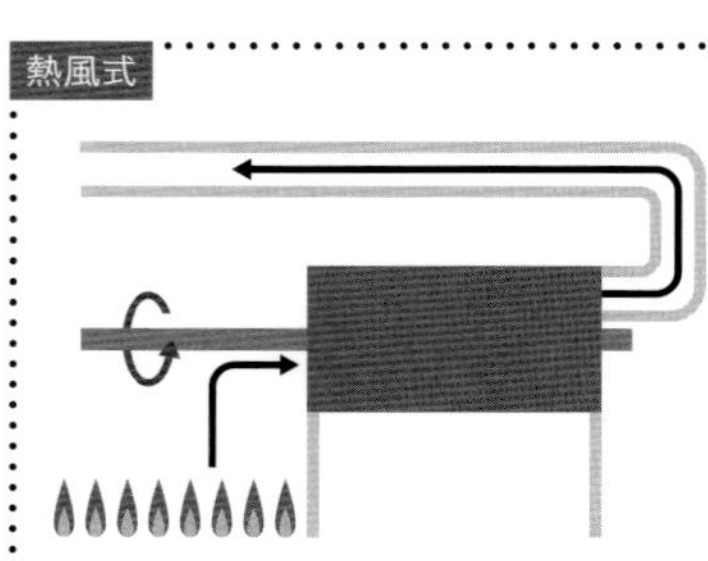

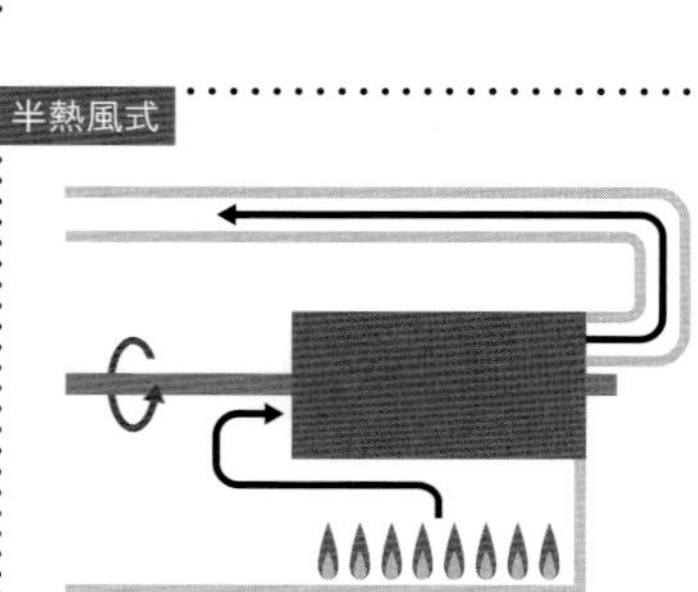

現代の業務用焙煎機（ガス使用）

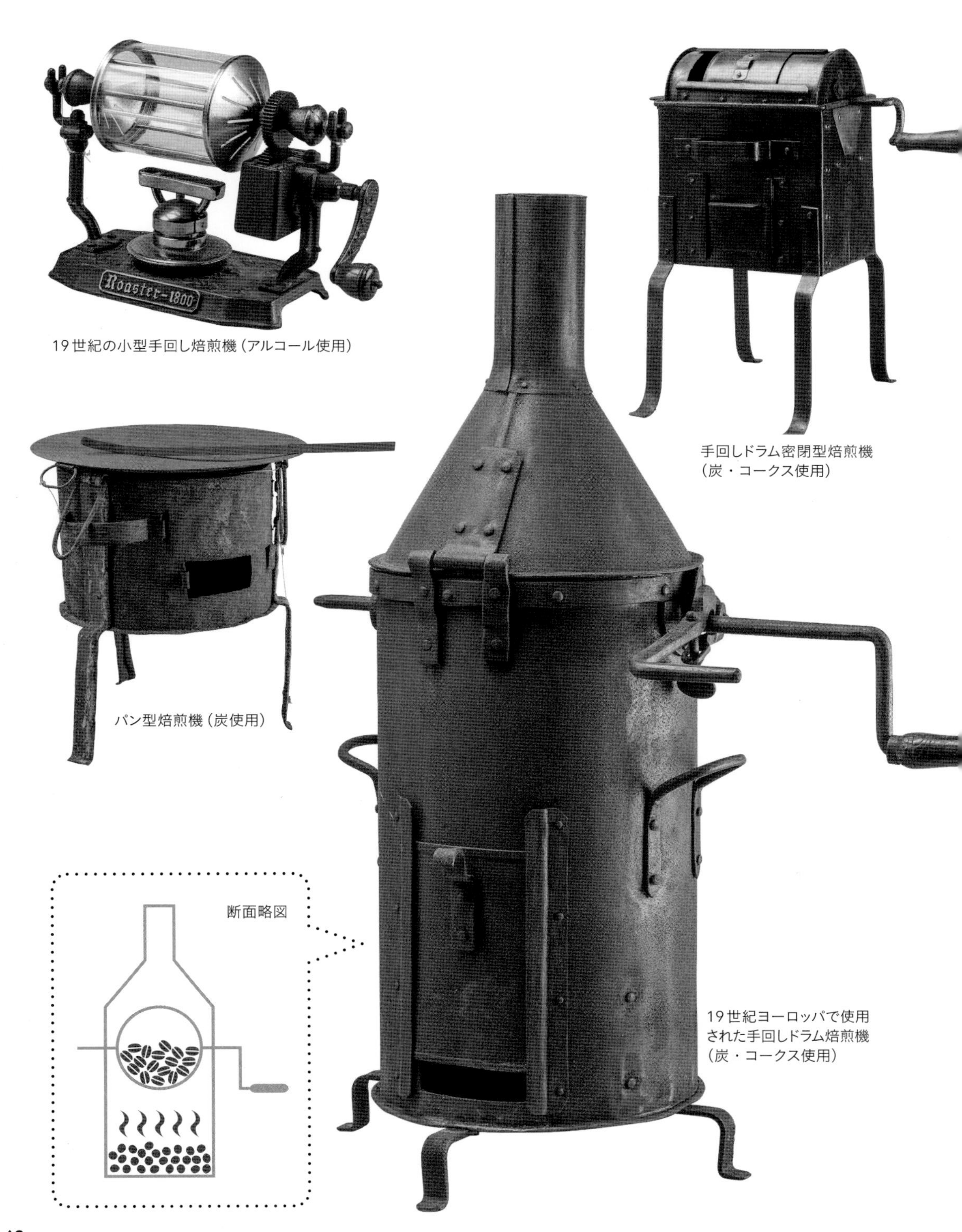

19世紀の小型手回し焙煎機（アルコール使用）

手回しドラム密閉型焙煎機
（炭・コークス使用）

パン型焙煎機（炭使用）

19世紀ヨーロッパで使用
された手回しドラム焙煎機
（炭・コークス使用）

Step 4　全体の味のバランスを確認しよう

最後は、Step1からStep3で選んだ豆の配合割合を調整しよう。味の設計パターンを変えて、いろいろな味のコーヒーを楽しむことができる。

例として、「モカ」をベースにした3つのブレンドを紹介する。

軽やか系

モカの風味や特徴が主役となり、且(か)つすっきりとした、後味が軽やかなブレンドである。

バランス系

モカの風味や特徴が感じられ、コクが深まり、飲んだあとの余韻が長いブレンドである。

重厚感系

モカの風味や特徴がほんのり感じられ、しっかりとしたコクとキレがあるブレンドである。

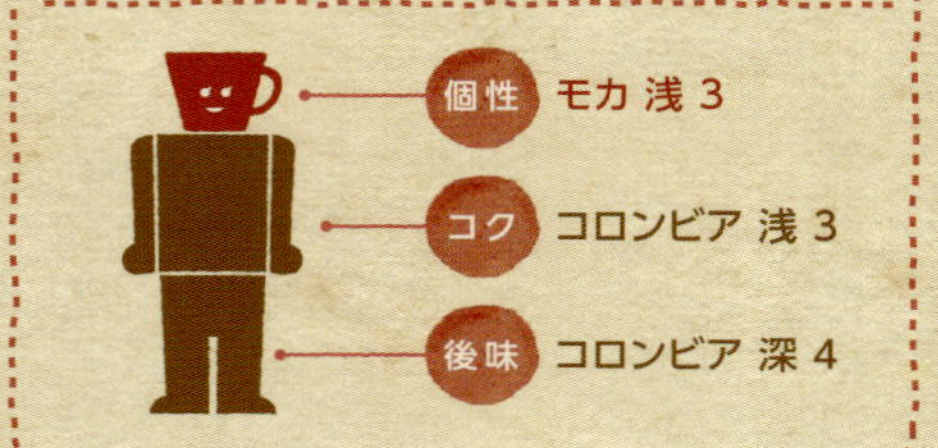

ブレンド：何のため、どうやって

ブラジルやモカなど、特定の生産国、産地のコーヒー豆だけで淹れるコーヒーを「ストレートコーヒー」、「シングルオリジンコーヒー」と言う。産地ごとに異なるコーヒーの個性を味わうのは本当に楽しいものである。一方、ストレートコーヒー、シングルオリジンコーヒーでは味わい尽くせない新しい風味や、調和のとれた味わいを創り出すために、数種類のコーヒー豆を配合することを「ブレンド」と言う。

「ブレンド」は、あらゆる種類のコーヒーの個性を知り尽くし、味覚のセンスに秀でた専門家が成し得る技術ということができるが、個人でもブレンドとは何か、どういうやりかたがあるのか理解し、いろいろなブレンドを自分で味わい分けることができれば、コーヒーの楽しみがさらに広がることになる。

ブレンドで配慮すべき要素は、「個性」「コク」「後味」の三つである。すなわち、まず自分が一番好きなコーヒーの産地銘柄を選んで、中心的な味わいの個性、いわば「顔」にする。次にコーヒーの「胴

ブレンド人形で ブレンドを考えよう！

Step 1 味わいの個性＝「顔」を決めよう

ブレンドの個性は「顔」によって決まる。個性を活かすためには、「顔」となる豆を3割以上、特に個性を際立たせたい時には5割ほど配合するのが望ましい。下で紹介しているコーヒーの中から、好みのタイプを選ぼう。

ブラジル（浅炒り）（浅炒り：あさい）

アーモンド、ナッツ系やトースト、麦芽のような香ばしさが特徴である。ブレンドのベースに最適。

モカ（浅炒り）

紅茶やグリーンアップルを思わせる、青い果実のイメージ。明るく軽やかな風味である。

キリマンジャロ（浅炒り）

グレープフルーツのような柑橘系のフルーティーで心地よい甘味を伴った酸味が特徴である。

コロンビア（浅炒り）

円熟したコクがあり、バターのような肉厚な舌触り。キャラメルやドライフルーツのような甘い香りも持ち合わせている。

マンデリン（浅炒り）

豊かなコクを堪能できる。重厚感のある舌触り。アプリコットや南国の果実味を伴う。

Step 2 ボディの強さを決めよう

コーヒーのコクやボディの強さを決めるのは「胴体」部分である。際立った特徴があるものより、他の豆とよく馴染むコーヒーを選ぶ。まずは、コクが強いコロンビアか、すっきり系のキリマンジャロで違いを出してみよう。

コロンビア（浅炒り）

コクが強い

キリマンジャロ（浅炒り）

コクが弱い（すっきり）

Step 3 後味の余韻を決めよう

（余韻：よいん）

後味を決める「足」の部分を決めよう。コーヒーを飲んだ後、口の中に残る余韻が長いか短いかで選ぶ。同じ豆でも、深炒りを選ぶと余韻がしっかりと残るようになる。

ブラジル（深炒り）

余韻が長い

コロンビア（深炒り）

余韻が短い（キレがある）

体」ともいうべきコク・ボディを、強くするか、弱くするか、決める。最後にコーヒーの「足」ともいうべき後味、飲んだあとに口の中に残る余韻を、短くキレがあるものにするか、長くしっかり残るようなものにするか、選ぶ。そして選んだものをバランスよく配合して、味を試してみる。すると、同じものをベース（個性）にしながらも、例えば「スッキリ、後味軽やか系」のブレンド、「コク深く、余韻のあるバランス系」のブレンド、「しっかりとしたコクとキレの「重量感系」のブレンドというものが味わえる。

配合のパターンや比率を変えて、実際に淹れて味わってみて、自分なりに感じた結果も記録し、自分の最も好みのブレンドを作ってみよう。そうすれば、自分の好きなコーヒーの傾向もわかってくるし、コーヒー会社が提供する「〇〇ブレンド」の中から自分の好みのブレンドを探すことも可能になるだろう。

グラインド：豆を挽く

コーヒーのグラインド（粉砕）とは、焙煎したコーヒー豆でコーヒーを淹れる前に、粉砕機（ミル）を使って細かい粒・粉

豆の挽き方

粉の粗さは、主に5段階に分けられる。細かく挽いたものほどコーヒーの成分が抽出されやすくなるが、細かくし過ぎると雑味の原因になるので注意が必要である。抽出する器具によって、粉とお湯の接触時間や抽出のメカニズムが変わるため、器具に合わせた挽き方をしよう。また、好みの味や焙煎度によって粉の粗さを変えると、味の変化を楽しむことができる。

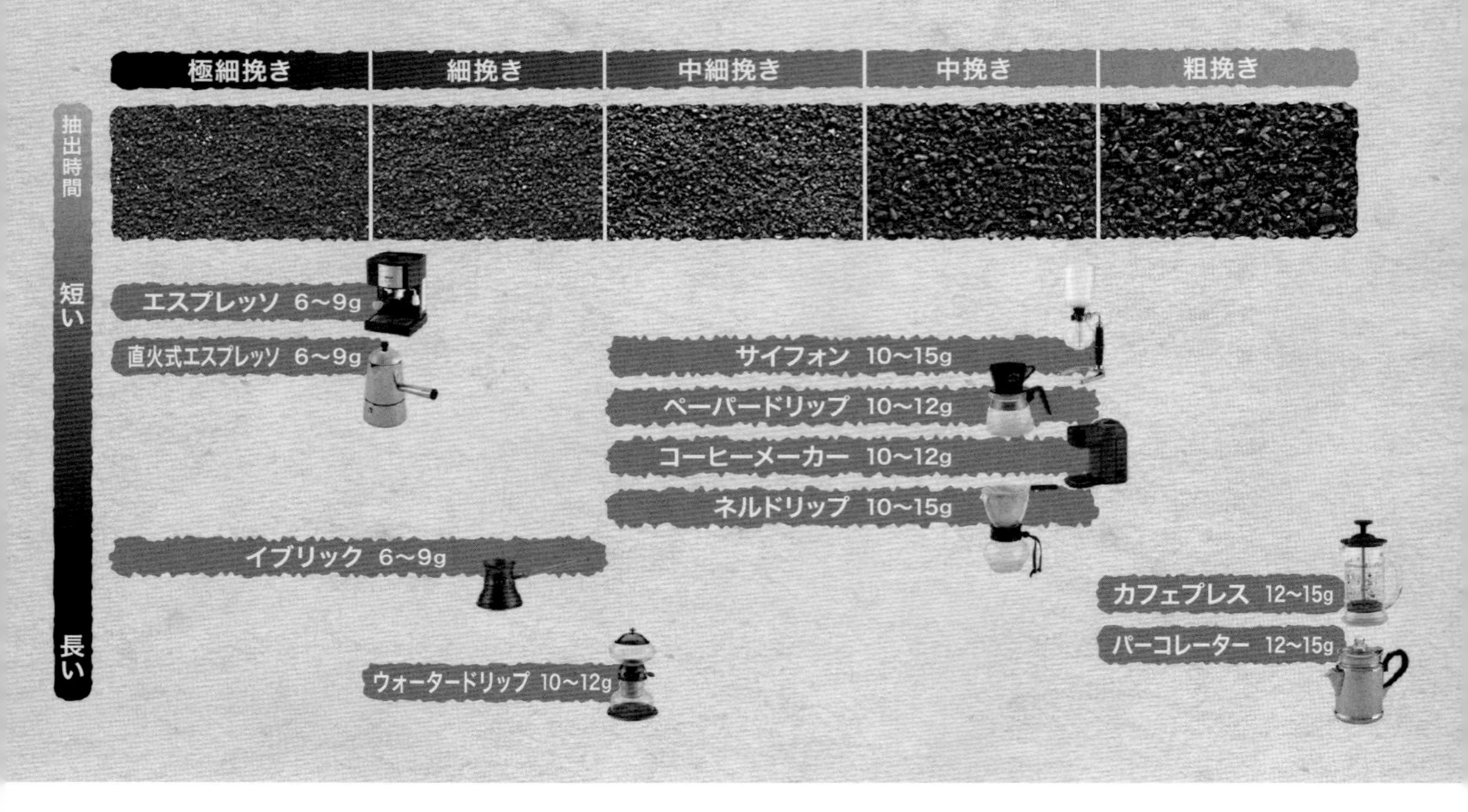

に挽くことによって、お湯とコーヒーの豆とが触れる表面積を大きくし、香りや風味を引き出しやすくすることである。

ただし、豆は粉状になると表面積が増えるため、香りは逃げやすく、湿気を吸いやすい。酸化も進んで品質が劣化する。したがって、粉の状態で長く保管するのは避け、抽出の直前に、淹れる分量だけ挽くのが望ましい。

挽き方のポイントは三つある。第一は、挽くときにはできるだけ摩擦熱を出さないほうがよい。熱が加わると、コーヒーの香りが逃げてしまうからである。第二に、抽出器具に合った粒の大きさ（粒度という）に挽くということである。第三に、挽く粒の大きさが揃っているほうがよい。挽きムラがあると、コーヒー粉に湯が平均的に浸み込まず、抽出濃度にムラが出て、コーヒー本来の風味を十分に堪能できなくなるからである。特に微粉末が多いと、過剰抽出の原因になる。微粉末は篩などで取り除くとよい。

家庭用のミルには、大きく分けてハンドルを手で回して凸凹のかみ合わせになっている円錐形の臼刃ですり潰す「臼歯式」と、ミキサーについているような金属製のプロペラを回転させて豆を挽く

業務用を小型化した
家庭用本格ミル

業務用電動ミル

アンティークなデザインの
手挽きミル

家庭用電動ミル
（プロペラ式）

エスプレッソ専用

「電動プロペラ式」の二つがある。

前者の「臼歯式」は、手間がかかるものの、ゆっくりと歯を回転させることで摩擦熱の発生が少なく、すべての粒度で均一に挽くことができる。近年はコーヒー粉へのダメージを防ぐためにセラミック製の臼歯を採用したものもある。本体についているネジを回して二つの臼歯の間隔を調整することによって、粒度を変えることができる。

後者の「電動プロペラ式」は時間がかからず、使いやすいものの、粒度が不揃いになりやすい。粒度はスイッチを押してプロペラを回している時間で調整するものが多い。手間がかからずミルの掃除も簡単だが、一度にたくさん挽こうとすると、摩擦熱が出てしまう。

喫茶店やカフェで使用されている業務用ミルには、鋭い角度の刃でコーヒー豆を切り刻む「ディスクカッター式」がある。細かい粒度に挽くときに持ち味を発揮するが、粗く挽こうとすると粒度が安定せず、不揃いになってしまう傾向がみられる。

CHAPTER

5 抽出

コーヒーを味わうための最終段階。焙煎され粉砕されたコーヒーの成分が液体に溶け出して馥郁（ふくいく）たる香りと深い味わいをもってカップに注がれる。それが抽出である。ここでは、抽出法、抽出器具の進化の歴史と、美味しいコーヒーを淹れるためのコツを紹介する。

コーヒーとお湯の出会い

抽出とはコーヒーの持つ成分を引き出すことだが、成分をたくさん引き出すほどコーヒーが美味しくなるというわけではない。コーヒーに含まれる美味しい成分を上手に引き出すことが大切である。美味しいコーヒーを淹れるための基本原則は①新鮮な焙煎豆を使うこと、②抽出器具に合った挽き方をすること、③コーヒー粉は適正な分量を守ること、④適切な水を使うこと、⑤清潔な器具を使うこと、⑥適切な抽出温度と抽出時間を守ることの六つである。

では、先人は美味しいコーヒーを求めてどのように抽出法を工夫し、器具を発明して進化させてきたのだろうか。

抽出には三つの方法がある。一つ目は「煮出し法」あるいは「ボイル式」で、文字通りコーヒー豆や粉に水を加え、そのまま煮立てて抽出する方法である。したがって抽出液にはコーヒー粉が混ざっており、粉が器の底に静まるのを待って飲用する。一八世紀に入ってコーヒー粉と液体を何らかの方法で分離するようになるまで、アラビア半島からトルコを経由してヨーロッパにコーヒーが伝わった後もそのようにして飲まれていた。現代でも中近東の国々ではコーヒーを煮出して抽出するイブリックやアラビアポットが

1500

1492 コロンブス アメリカ発見

1554 イスタンブールに世界初のコーヒーハウス

紀末 コーヒーが

煮出し法 コーヒー豆・粉を煮立てて抽出する

イブリック（トルコ式） トルコ

ラビア ポット 中東

抽出器の進化

Evolution of the extraction devices

コーヒーを焙煎して飲むようになってから、長年にわたってさまざまな抽出器具がつくられてきた。より美味しいコーヒーを飲みたい、という人々の強い思いがこれらを生み出した。

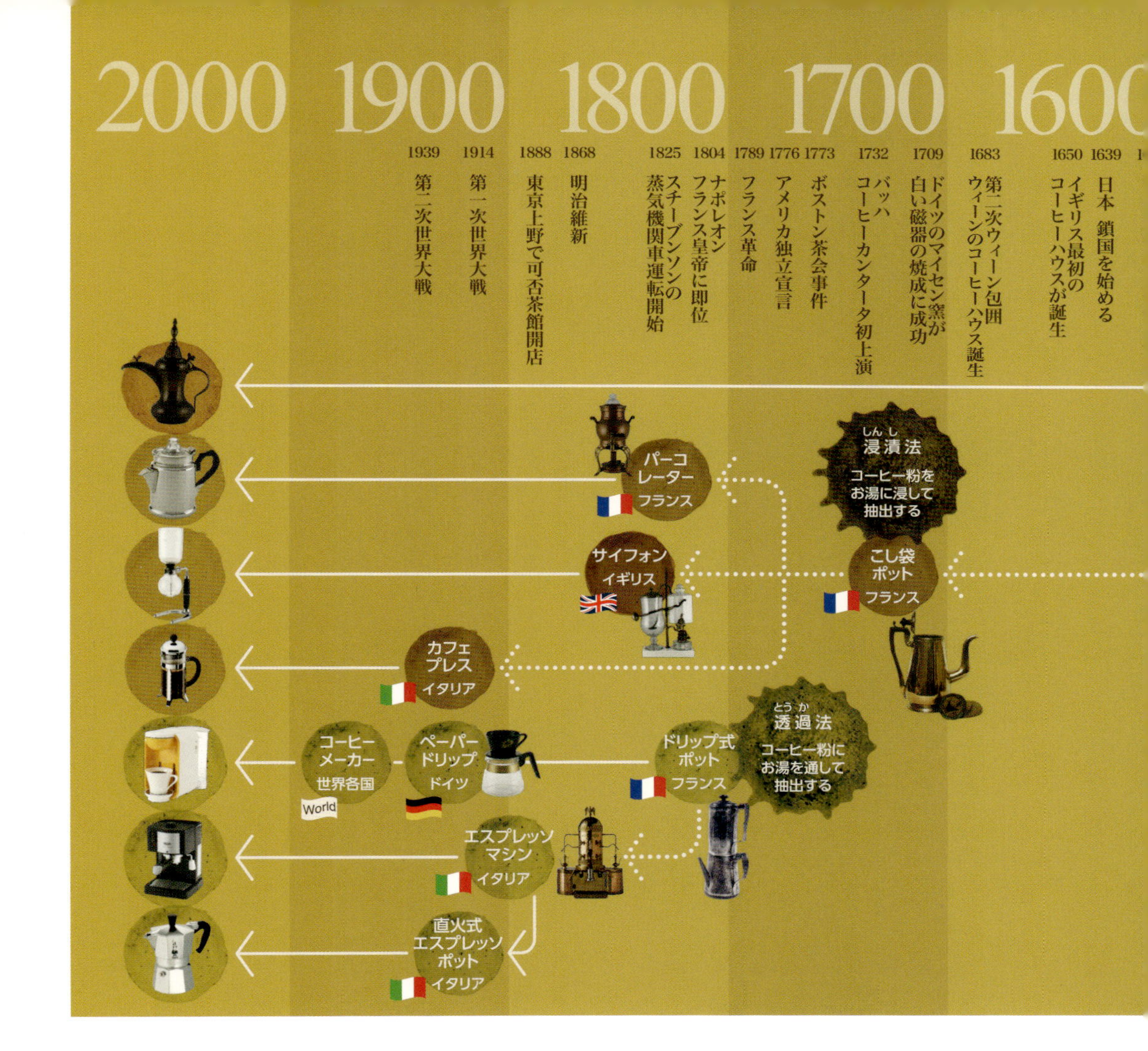

普通に使われている。

二つ目は、一八世紀に入って始まった「浸漬法(しんしほう)」である。これはコーヒー粉をお湯に浸して一定時間漬け込んで成分を抽出する方法。現在一般に普及しているサイフォン、カフェプレス（フレンチプレス）などがこれにあたる。

三つ目は、コーヒー粉にお湯を通過させて成分を抽出する「透過法(とうかほう)」で、現代ではペーパードリップなどに代表される抽出方法である。初期の器具は一八〇〇年代に入って間もなくフランスで発明された。多数の小さい孔を開けた金属板がフィルターの役目をし、そこに入れたコーヒー粉にお湯を注いで粉の層を通過させる構造であった。金属板で濾されるので抽出液に粉が混じらないうえに、それ以前の抽出方法に比べてすっきりとした美味しいコーヒーを飲むことができた。かつて日本の多くの喫茶店で使われ、今なおファンの多いネルドリップや、カフェでよく見かけるエスプレッソも透過法に分類される。

三つの抽出方法は登場した時代が異なり、一直線に系統進化したものではない。それぞれの地域での好みもあり今も独自のコーヒー文化を形成している。

さまざまな抽出法

(1)イブリックとアラビアポット

煮出し法は最も古い抽出法だが、現在も根強い人気がある。代表的な器具に「イブリック」という長い柄のついた小鍋がある。細かく挽いたコーヒー粉と水、砂糖をイブリックに入れて火にかけ、煮立ったら小さなカップに注いで出す。粉がカップの底に沈むのを待って静かに上澄みの液を飲む。トルコ式コーヒー、ターキッシュコーヒーと呼ばれる飲み方である。飲み終えてカップを逆さにしておくと、どろっとしたコーヒーの粉が流れて乾燥し、カップの内側にランダムな模様を描く。その模様を見て運勢を占うのが「コーヒー占い」である。

同じようにアラビア半島やエジプトの国々では「アラビアポット」または「ベドウィンポット」と呼ばれる器具が使われている。コーヒー粉と水をポットの中に入れて加熱し、吹きこぼれそうになると火から外し、泡の勢いが収まったらまた火にかけるという動作を繰り返す。これを三回ほど繰り返してでき上がった抽出液を小さなカップに注ぎ分ける。イブリックと同じ煮出し法なので、やはり抽出液にコーヒー粉が混ざっている。アラビアポットには、鳥のくちばしのように湾曲した注ぎ口に干し草を詰めてフィルターのように粉を濾すものもある。

トルコ式では真っ黒になるまで焙煎した深炒りのコーヒー粉を使うのに対して、アラビア式では極浅炒りのコーヒー粉を使用しシナモンやカルダモン、ナツメグなどの香辛料を加えて飲まれることもある。

銅または真鍮製のイブリック（トルコ式）

模様で運勢を占う。

美味しく淹れる秘訣

1

イブリックに、微粉にしたコーヒーを1人分6〜9gと70ml程度の水、好みで砂糖を3〜7g入れる。シナモン、ジンジャーなどの香辛料を入れてもよい。

2

コーヒーと水が馴染むように攪拌した後、火にかける。沸騰すると液面が膨れ上がる状態になる。このとき火から遠ざけ液面が沈むのを待ち、それを数回繰り返す。

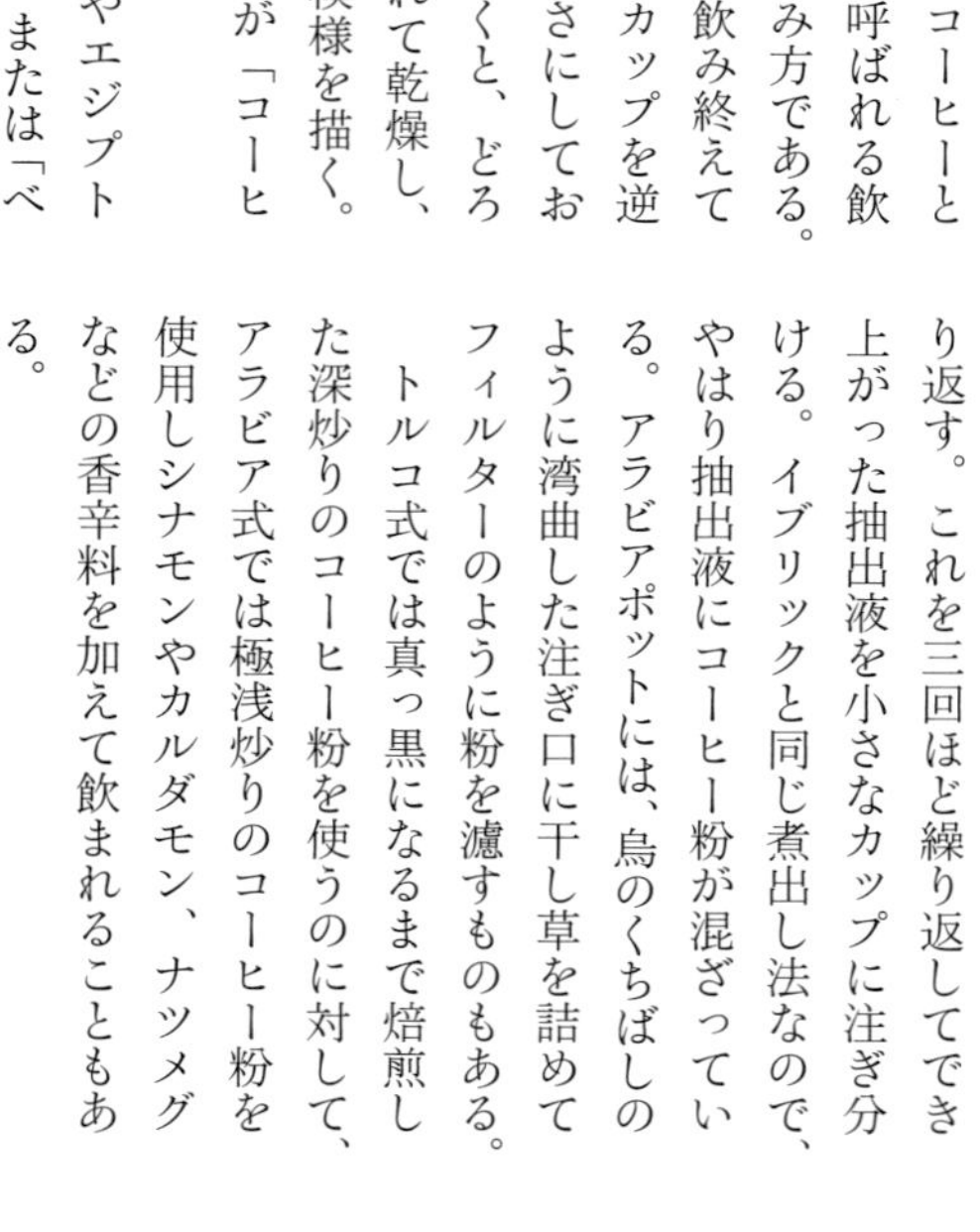

19世紀から今でも使用されているアラビアポット。注ぎ口部分が開き、フィルターとなる干草が入る。

(2) 濾し袋ポット

浸漬法は、一七一〇年にフランスで始まったとする説がある。これはフランネル布の袋の中にコーヒー粉を詰めたもので、袋を熱湯に漬け込んで抽出したのか、袋ごと煮出したのかは定かではない。しかしコーヒー粉から分離した液体を飲用するようになったことは確かである。

一七六三年にはフランスでドンマルタンが「濾し袋ポット」を発明する。ポットの底まで届く布袋にコーヒー粉を入れ、それをポットの内側に引っ掛けたもので、熱湯を注ぐとポットの底にあるコーヒー粉がお湯に浸されコーヒーの成分が溶出する。もちろん液と粉は布袋で分けられている。

(3) ドリップポット

透過法の始まりは、一八〇〇年頃フランスでドゥ・ベロワによって発明されたドリップポットである。ドゥ・ベロワがどういう人物であったのか確かな記録は残っていないが、一説によるとナポレオンがパリ大司教デュ・ベロワを美食家として絶賛していることから、発明者はこの人物だったかもしれないと言われている。

ドゥ・ベロワの発明したドリップポットは上下二段のパーツに分かれている。寸胴型になっている上部パーツの底には細かい孔が開けられた金属板がついており、そこにコーヒー粉を入れて、別のポットで沸かしたお湯を注ぐ。すると、フィルターの役目をする金属板を通してろ過されたコーヒー液が下部パーツのポットにしたたり落ちる。それまでの煮出しや浸漬法に較べて抽出時間も短く、すっきりとした味わいを楽しむことができるようになった。このドゥ・ベロワのドリップポットがさらに進化し、布ドリップやペーパードリップへと繋がっていくのである。

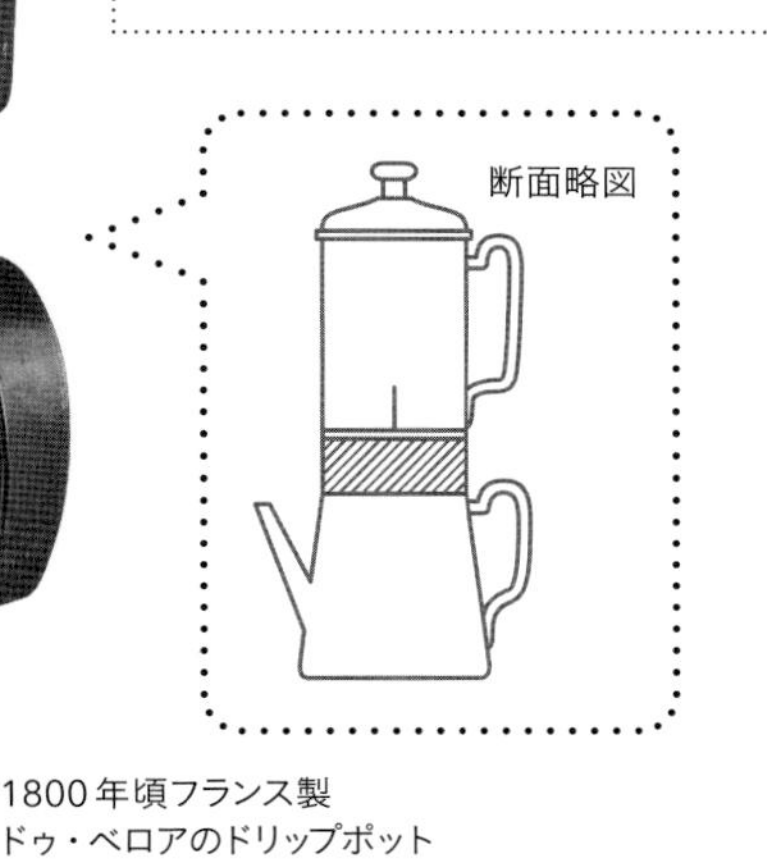

1800年頃フランス製
ドゥ・ベロアのドリップポット

(4)ネルドリップ

布フィルターにコーヒー粉を入れて、湯を注ぐ抽出法である。生地の表面を起毛させたフランネルという布を使うので、この名がある。布目が細かく、また起毛しているため、粉が毛の間に抱え込まれ、蒸らし湯で粉全体が膨らんで、じっくりと抽出できる。

ネルドリップの特長は、口当たりの滑らかさと味わいの柔らかさ。ろ過の精度がよいため、雑味のないマイルドなコーヒーに仕上がる。

新品の布フィルターを使うときは、使用前にコーヒー液で煮出しておくと、抽出する際にコーヒー粉と馴染みやすくなる。日常の手入れとしては、布フィルターの清潔さと性能を保つため、使用後によく水洗いし、水に浸して冷蔵庫に保管、こまめに水替えすることが望ましい。

布の手入れや管理などの手間は少しかかるが、その分味わいは格別である。

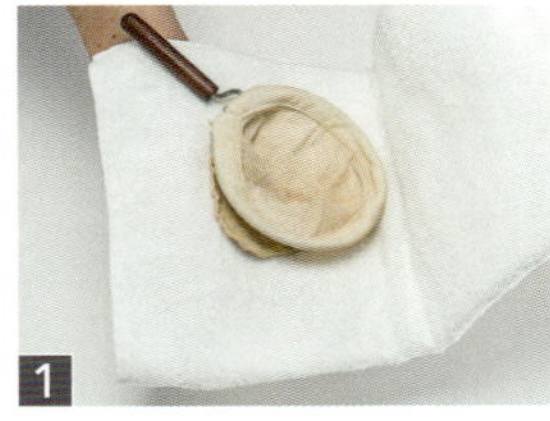

1 布フィルターを湯で濡らし、別の乾いた布に挟んで軽く叩き、余分な水分を取る。

2 布フィルターを専用のサーバーにセットし、1人分10〜15gのコーヒーの粉を入れる。

3 細口ポットで湯を、粉全体が浸るよう小さい円を描くように注ぐ。

4 粉がふっくらと盛り上がったら、20〜30秒間蒸らす。粉全体に湯が行き渡るよう、内側から外側へ円を描きながらゆっくりと湯を注ぐ。

5 コーヒー液が下に落ちて、中がくぼんだ状態のところで、前と同じ要領で湯を注ぐ。

6 サーバーの目盛りを目安に、適量（1人前約140ml）になるように、注湯量を加減する。布フィルターの中にまだ湯が残っていても、引き上げる。

ネルドリップは、雑味部分が除去されるため、滑らかな口当たりが特長。

(5) ペーパードリップ

ペーパードリップは、フィルターが布フィルターや金属フィルターに較べて目が詰まっていることから、コーヒーオイルを通しにくく、その分すっきりした澄んだ味のコーヒーに仕上がる。また、フィルターの手入れや管理などの手間がかかるネルドリップに較べて、ドリッパーに紙フィルターをセットしてコーヒー粉を入れて抽出し、終わったらフィルターごと処分できる。清潔で簡便、現代生活に向いている。

一九〇八年、ドイツの主婦メリタ・ベンツが考案し、その後ドリッパーの穴の数、大きさ、リブ（凸凹）の形状が違ういくつかの方式が工夫された。

簡便な方法に思われるが、湯の注ぎ方によって味が変わるので、安定した味を出すためには、ある程度練習したほうがよい。

ペーパードリップは、それほど熟練しなくても美味しく淹れることができる。

美味しく淹れる秘訣

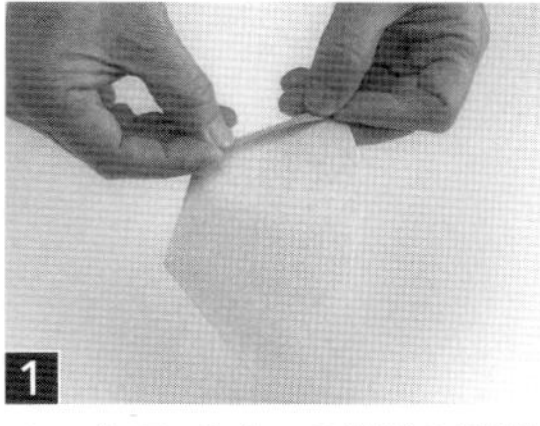

1 ペーパーフィルターの底面の折りしろを折り、側面は反対側に折り、ドリッパーに紙の角をしっかりと指で押してセットする。

2 フィルターの中に、1人分につき10〜12gのコーヒーの粉を入れ、ドリッパーの側面を軽く叩いて、表面を平らにならす。

3 ドリッパーをサーバーの上にセットし、少し冷ました（92〜96度）湯を、細口ポットで円を描くように注ぐ。粉全体が湯に浸り、ふっくらと盛り上がったら、20〜30秒間蒸らす。

4 粉全体に湯が行き渡るよう、内側から外側へ円を描きながらゆっくりと湯を注ぐ。紙の縁に直接湯を注がないことが大事。

5 コーヒー液が下に落ちて中が少しくぼんだ状態で、前と同様に湯を注ぐ。

6 3度目も同様に湯を注ぐが、下のサーバーの目盛りを目安に、適量（1人前約140ml）になるように、注湯量を加減する。

(6)サイフォン

サイフォン抽出は「浸漬法」に分類される。〝サイフォン〟はギリシア語で「チューブ、管」を意味する言葉。加熱で生じる蒸気圧の作用で液体が管を行き来する動きが視覚的にも楽しめる、演出効果の高い抽出器具である。

最も初期の「天秤式サイフォン」は一九世紀に英国で発明された。写真右側の加熱容器に水を入れ、左側のガラス容器にコーヒー粉を入れる。アルコールランプに点火し水が沸騰するのを待って、加熱容器上部の気密栓をしっかりと閉めると、容器内の気圧が高まって沸騰した水が管を通って左側のガラス容器に押し出される。ここで粉とお湯が混ざり合ってコーヒーが抽出される。沸騰水が右側から左側の容器にすべて移動すると、天秤の作用で右側の容器が持ち上がってアルコールランプの蓋が自動で閉じられ消火される。すると加熱容器内の気圧が下がり、コーヒー液がガラス容器から加熱容器に戻っていく。この時に抽出液は金属フィルターでろ過されて粉と分離される。

現代のサイフォンはガラス製で上下二段式だが、液体が行き来する原理は天秤式と同じである。高温で抽出するので、すっきりとした後口で香り立ちもよい。

19世紀の天秤式サイフォン

ート（上部ガラス部分）の細くなってる部分にろ過器のスプリングを入、スプリングの先についている金具、ロートの下端に引っ掛けて布フィルーをセットし、湯をかけて温める。

ートにコーヒーの粉1人分10〜5gを入れる。

のフラスコ部分に湯を注ぐ。

ルコールランプに火を点け、フラスコ下に置き、加熱する。

美味しく淹れる秘訣

1 バスケットに粗挽きのコーヒーを1人あたり12〜15g入れる。

2 ポットに水を、1人あたり160ml前後入れて、コーヒーを入れたバスケットをポットにセットし、蓋をして火にかける。

3 しばらくすると、湯が沸き、噴水のように湯が出て、コーヒー成分を抽出する。噴き上がるコーヒー液の色を見計らって、火を止める。

(7) パーコレーター

「浸漬法」による抽出器具の一つで、パーコレートは「浸透する」という意味である。フィルターの役目をする金属製のバスケットにコーヒー粉を入れ、その上に粉を押さえる小孔の開いた散水板を重ねて置いて、水を入れたポットの内部にセットする。火にかけて加熱するとお湯が細い管を通ってポット上に移動して管の上端から噴水のように噴き出して散水板を通りコーヒーの粉に滴下される。これを繰り返してお湯がポットの中を循環するうちにだんだん抽出液の濃度が濃くなりでき上がりに近づいていくのである。

パーコレーターは一八〇六年にパリにおいてイギリス人科学者ベンジャミン・トンプソン(別名ラムフォード伯爵)によって発明された。一九世紀に英国で量産され、容易に抽出できることからアメリカでも普及した。

19世紀のパーコレーター

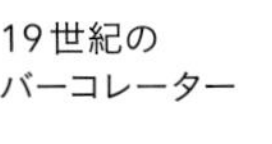

5 湯が沸騰したら、フラスコにロートをっかりと差し込んで押し、セットする。

6 フラスコの湯が沸騰してロートに上ったら、竹ベラで攪拌し、約30〜4秒間抽出を促す。

7 アルコールランプを外し、下のフラス内の温度を下げる。その時軽く攪拌る。フラスコにコーヒーが落ちきっら、でき上がり。

サイフォンは、抽出時間が長いためやや濃くなるが、すっきりとした後口

美味しく淹れる秘訣

(8) 水出し抽出

水出し抽出は「透過法」と「浸漬法」の二種類の器具がある。

昔ながらの方法は専用の器具を用いて、常温の水をポタポタとコーヒー粉の上に落とし、時間をかけてコーヒー成分を抽出する。別名、ウォータードリップやダッチコーヒーと呼ばれる、透過による抽出である。「ダッチ」はオランダを意味し、直訳すれば「オランダ式コーヒー」となるが、オランダ本国では一般的ではない。

水出し抽出をダッチコーヒーと呼ぶのは、オランダがインドネシアを領有していた頃、現地で苦味の強いカネフォラ種（ロブスタ）を少しでも美味しく飲むため、常温水に浸して抽出したことに由来すると伝えられている。

コーヒー専門店の店頭では、凝ったデザインの水出し器具を見かけることが多くなった。

家庭向けには手軽に抽出できるポット型の器具が市販されている。専用のポットにアイスコーヒー用の粉と水をセットし、三〜一二時間ほどで水出しコーヒーができ上がる。浸漬による抽出である。

水出し抽出は、熱を加えないので香りが逃げず、コーヒーの甘味とまろやかな苦味を楽しめるとして愛好する人も多い。

家庭向けの水出し抽出ポット

1
ホルダーに細挽きのコーヒーを1人分あたり10〜12g入れ、セットする。

2
上部のポット部に水を1人分あたり160ml前後入れ、セットする。

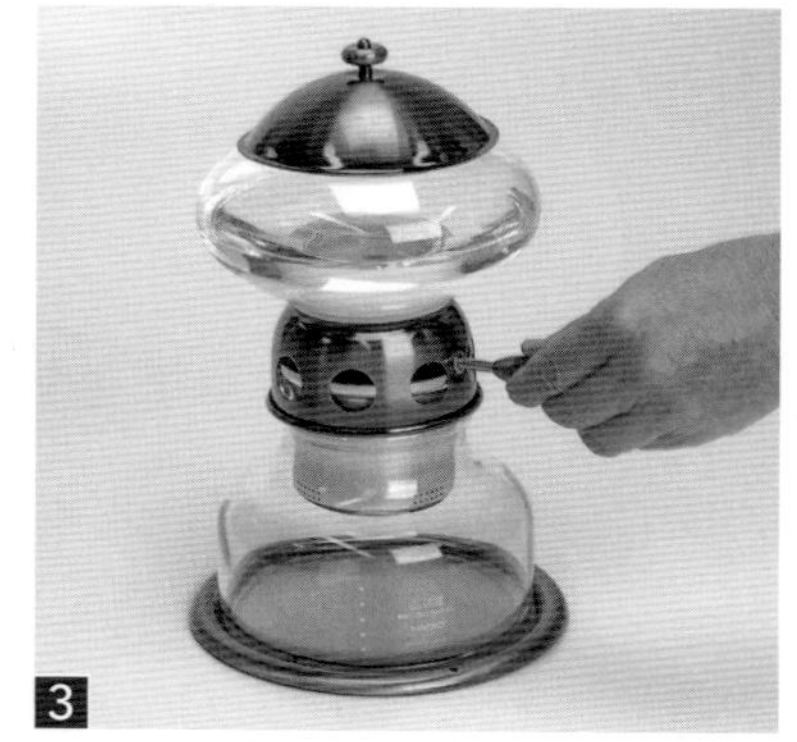

3
水が落ちる速度を調整し、ぽたぽたと落ちる程度に設定してでき上がりを待つ。時間は、器具の大きさによるが、3〜12時間かかる。

(9) ナポリターナ

この抽出器は、現在あまり一般的には使われていないが、道具として面白いことと、抽出の原理を理解するうえで参考になるので紹介する。

使い方は、まず上ポット（注ぎ口のないほう、ボイラー）を外し、その底にある金属フィルターの付いたバスケットにコーヒー粉を入れバスケットのカバーを閉める。次に上下を反転し、上ポットが下になるようにして、水を入れる。下ポット（注ぎ口のあるほう、サーバー）を上にはめ、固定する。アルコールランプに火を点ける。

沸騰すると注ぎ口から蒸気が出始め、コーヒーが蒸らされる。激しく蒸気が出始めたところで、もう一度上下を反転させ、火を止めると湯が蒸気の圧力も手伝って、コーヒー粉層を急速に透過して、下ポットに落ちる。湯が落ちきればでき上がりである。

この器具は、金属フィルターでありながら湯を沸かしている間にコーヒー粉を蒸気で蒸らすので、粉が膨らみ、濁りが少なく、すっきりとした味のコーヒーに仕上がる。また、抽出温度を変えられるので、幅広い味を醸し出すこともできる。

金属フィルターなので、ネルや紙も不要、手入れも簡単、なかなかのスグレモノである。一七世紀後半にナポリで考案され、流行したが、考案者の名前はわかっていない。次に述べるエスプレッソマシンができる二〇世紀初期まで、長い間イタリアでのコーヒー抽出器の主流であった。現在でもエスプレッソとは違う味わい方ができるとして根強い愛好者がいて、海外では器具が作り続けられている。

19世紀後半の
フランス製ナポリターナ

上下反転させ、
上ポットが下
になるようにし
て水を入れて、
火を点ける。
注ぎ口
金属フィルター
（中にコーヒーの粉を入れる）

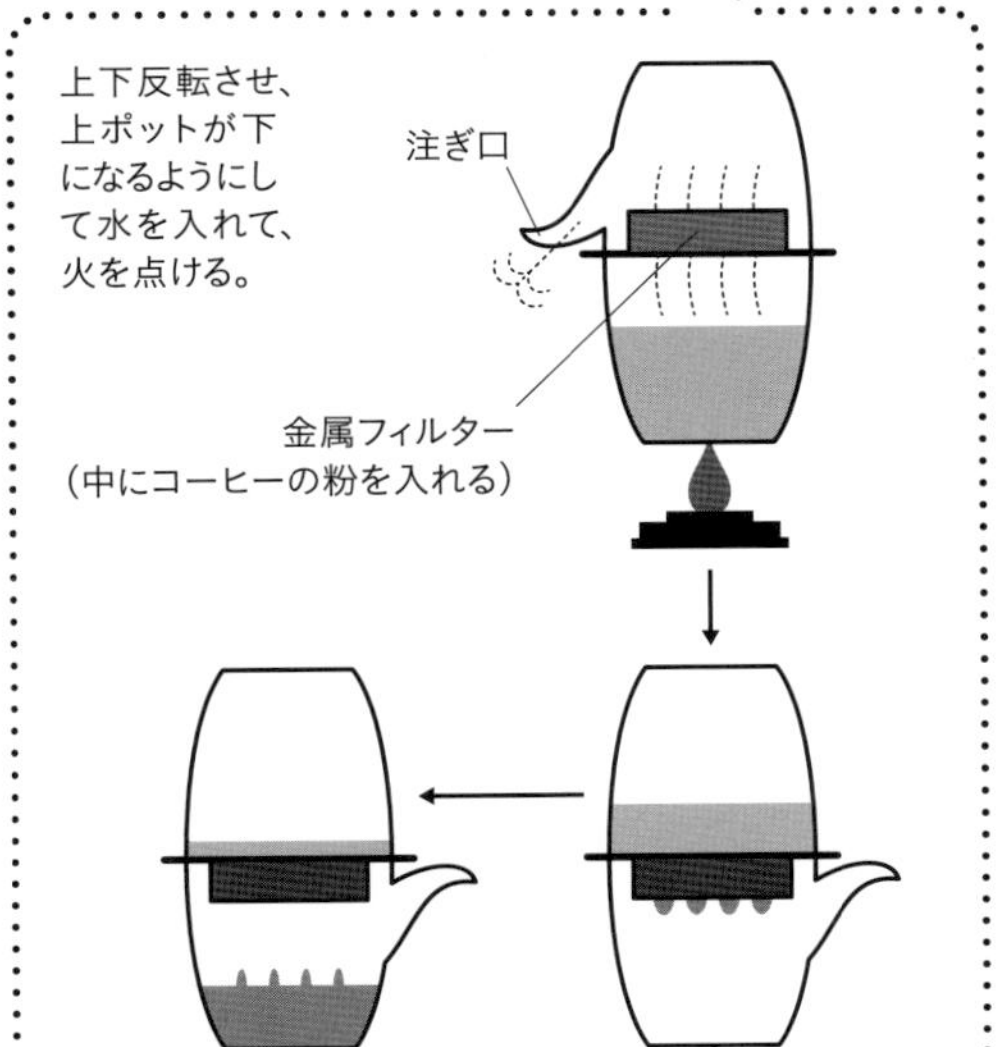

⑩エスプレッソ

　エスプレッソとは、英語のエキスプレス、急行のことである。細挽きのコーヒー粉に、蒸気圧のかかった湯で「短時間でコーヒーを抽出する」ことからそう名づけられた。イタリアではバール（BAR）と呼ばれる立ち飲みコーヒー店で、よく飲まれる。イタリア人はこれに一〜二杯の砂糖を入れて、二〜三口で飲み干し、さっさと立ち去る。

　一九世紀後半からイタリアとフランスで、蒸気圧を利用してコーヒー抽出する試みが盛んに行われていた。鉱山や工場の機械に蒸気機関が使われ始め、蒸気機関車が登場し、人々が蒸気というものの威力と扱い方を知った時期である。一八五五年のパリ万博では、蒸気を利用した巨大なコーヒー抽出器で、一時間に二〇〇〇杯分を抽出しサービスしたと言われる。これが人気を博してヨーロッパに広まった。

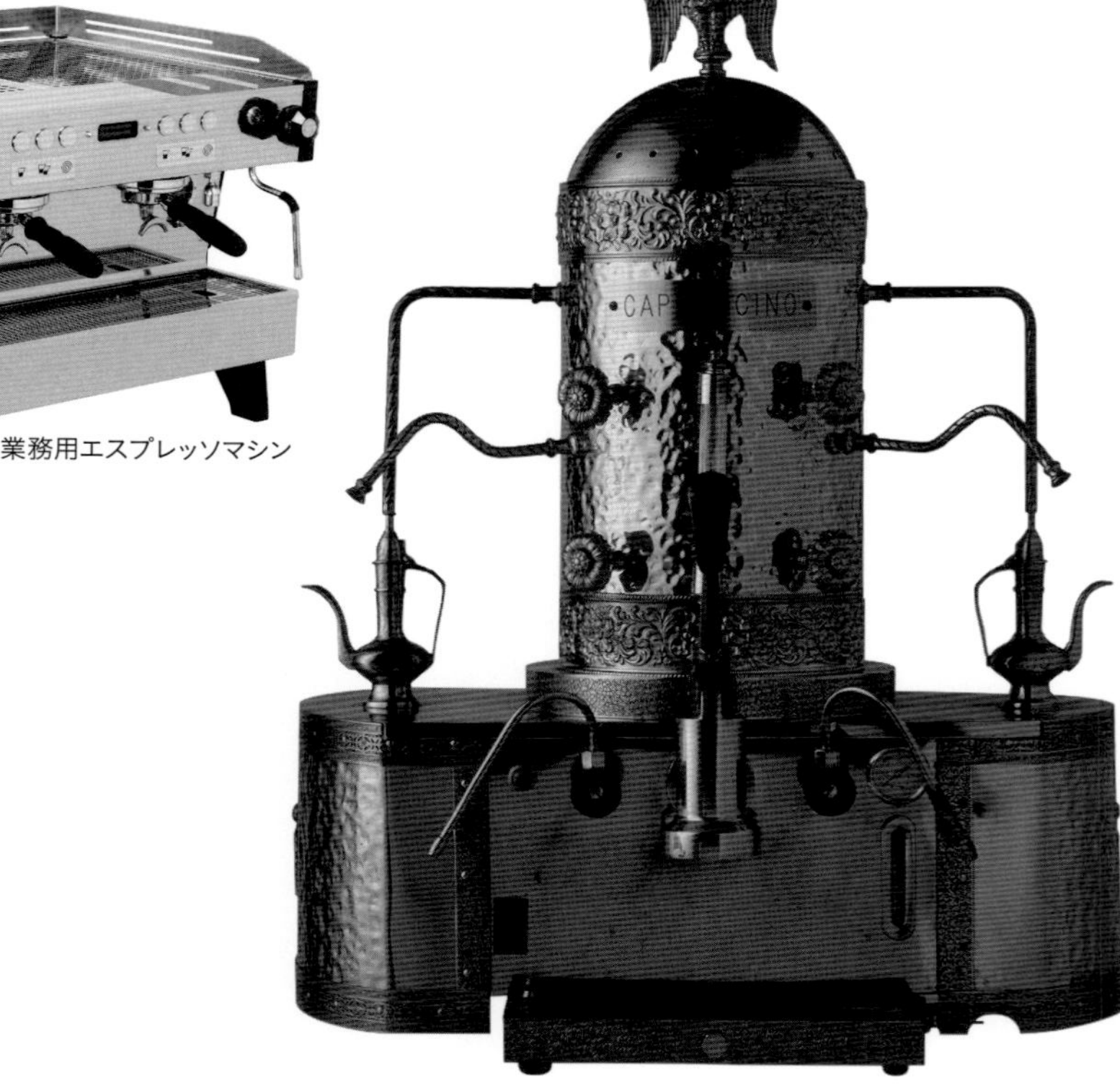

業務用エスプレッソマシン

1906年 エスプレッソマシン（ベゼラ社）

　現在のエスプレッソマシンの原型は、一九〇一年、ミラノのルイジ・ベゼラが発明した「エスプレッソマシン」という名の業務用コーヒー抽出機である。彼が初めて特許を取得した。それ以来、蒸気で抽出するコーヒーを「エスプレッソ」と呼ぶようになった。

　その後、ベゼラから特許使用権を買い取ったデシデリオ・パボーニが一九〇六年のミラノ万博に「ベゼラ」という名前の大型エスプレッソマシンを出品したのを機に、エスプレッソの名前と機械が世界中に知られるようになった。

　エスプレッソマシンで淹れたエスプレッソの特長は、表面にできるきめ細かくて濃密な泡（クレマ）である。上質なクレマはスプーンでかき混ぜても消えるよう

美味しく淹れる秘訣

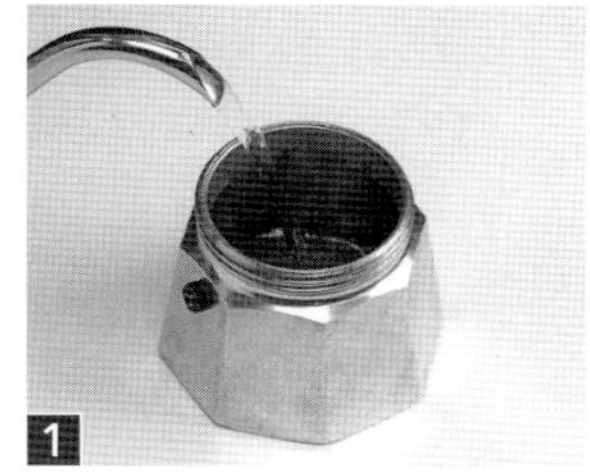

1 直火式エスプレッソマシンの下の部分に、杯数分の水または湯を注ぐ。

2 器具の中間にあるフォルダーにコーヒー粉1杯分7g前後を入れ、メジャースプーンの背でしっかりと押さえる。

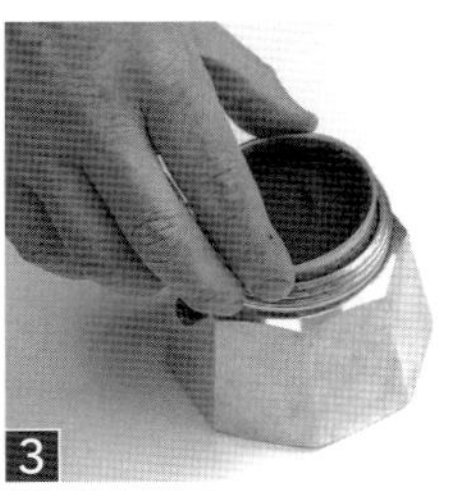

3 そのフォルダーを下の部分に差し込んでセットする。

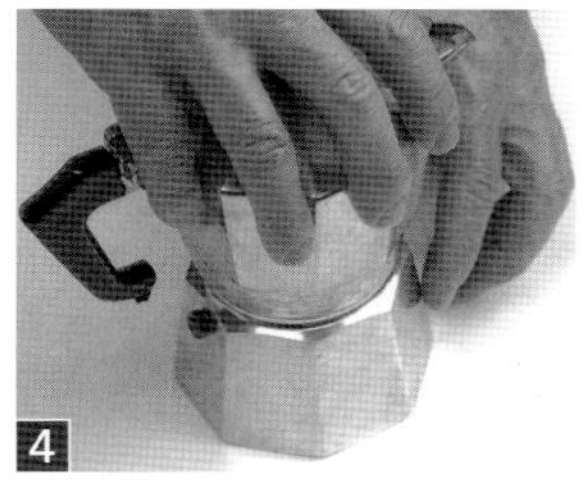

4 上の部分も、隙間から蒸気が漏れないよう、しっかりと締める。

5 コンロに載せてやや弱めの中火にかける。器具が安定するよう、間に網を使うと良い。

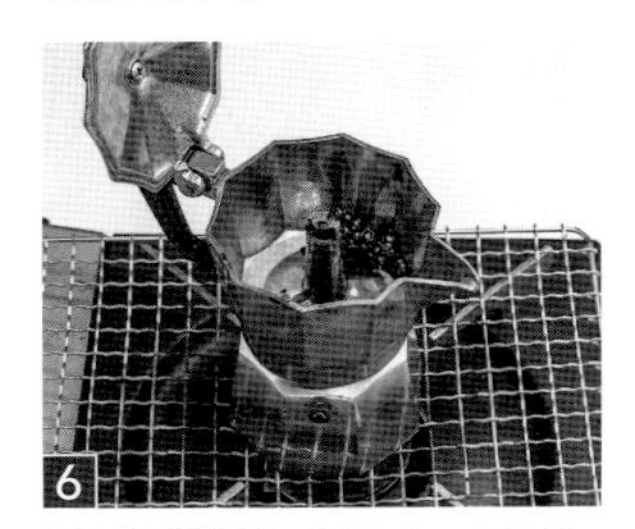

6 下の湯が沸騰してきたら、上のポットにコーヒー液が上がってくる（写真では状態を見せるために開けているが、危ないので蓋は閉めておく）。

7 下の湯が上がりきったら泡が消えないうちに火を止め、泡があるうちにカップに注ぐ。

直火式エスプレッソポット

なものではない。クレマに守られて、コクと深みが凝縮された「ボディ感」の高い層があり、飲み干したとき芳醇な余韻が後を引く。

濃厚なイメージの強いエスプレッソであるが、実はカフェインが少ないというのも特徴の一つである。

イタリアでは、直火式エスプレッソが、一般家庭で使用されている（ただし、これは蒸気圧が低く、前述のエスプレッソマシンによる抽出とは味わいがやや異なる）。

使う豆の焙煎度は、イタリアンロースト（極深炒り）が使われていたが、昨今ではコーヒーそのものの味わいを重視する傾向にあり、炒り方は比較的浅めになってきている。粒度は「極細挽き」を用いる。一杯の分量はシングル（ソロ）の場合約七gのコーヒー粉を使い、二五ml～三五mlの液を抽出する。

(11) カフェプレス（フレンチプレス）

カフェプレスは、一九世紀半ばフランスで作られたプランジャーポットをもとに一九三三年、イタリアのカリマーニが発明した器具である。

ポットにコーヒー粉（深炒り・中粗挽き）を入れて湯を注ぎ、金属フィルターの付いたプランジャーで、湯に浸したコーヒー粉を、ゆっくりと押し沈めてコーヒー液を分離する、典型的な「浸漬法」の器具である。溶け出したコーヒーオイルが布や紙に取られることなく残り、コーヒーの味を素直に感じとることができる。

もともとコーヒー用に開発された器具であり、ヨーロッパではポピュラーな淹れ方の一つ。日本では紅茶用に使われることが多かったが、最近注目を浴びている。

美味しく淹れる秘訣

1 湯で温めたガラスポットに、コーヒーの粉1人分12〜15gを入れる。

2 粉全体が浸るくらいの湯を注ぎ、20〜30秒間おいて粉を馴染ませる。

3 円を描くようにして杯数分（1人前160mlぐらい）の湯を注ぐ。

4 フィルターの付いた蓋をガラスポットにかぶせ、3〜5分おく。

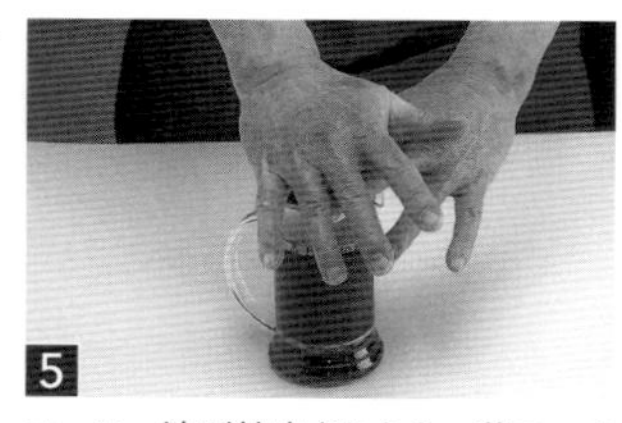

5 コーヒー液が抽出されたら、蓋のつまみを押してフィルターを押し下げ、できたコーヒー液をカップに注ぐ。

(12) ベトナム式ドリッパー（カフェ・スーア・ノン）

カップの底にあらかじめコンデンスミルクを入れておき、上にはこの一人用ドリッパーを置いてコーヒー粉（深炒り・中細挽き）をセットし、湯を注ぐだけの「透過式」の抽出法である。湯がすべて落ちたら抽出完了。よくかき混ぜて飲む。第二次大戦前のフランス領ベトナムではカフェ・オ・レ用の生乳を保管しておく冷蔵庫があまり普及していなかったため、保存のきくコンデンスミルクがよく利用され、この器具も発明された。その名残りで、現在もベトナムではこの方法でよく飲まれている。

さまざまなアレンジコーヒー

アイス・ウィンナー

ウィンナー・コーヒーは日本での呼び方であり、現地ではアインシュペナー。

アレンジコーヒーの一つ。「カフェ・ボルジア」は、コーヒーにカカオのリキュール、ホイップクリームを加え、オレンジの果皮とカカオパウダーを散らしたもの。

モカ・ジャバ（カフェ・モカ）。深炒りのコーヒーにホイップクリームとチョコレートがベストバランス。

アレンジコーヒーの一つ、カフェ・シナモン。深炒りのコーヒーにシナモンと生クリームがよく合う。

アレンジコーヒーの一つ、コンチネンタル・フロスト。アイスコーヒーの上にアイスクリームをのせ、シナモンの香りとともに楽しむ。

代表的なコーヒーメニュー

◉カフェ・オ・レ

「オ・レ」とは、「ミルクとともに」の意味。グルノーブルの医師シュール・モナンが一六八五年に薬として勧めたことに始まるとされている。深炒りのフレンチローストのコーヒー豆で淹れたコーヒーに、温めたミルクを同量（厳密に決まっているわけではない）入れたもの。フランスの家庭では、朝の食卓に欠かせない飲み物で、大ぶりで取っ手のないカフェ・オ・レ・ボウルに入れて飲む。焼きたてのクロワッサンやバゲットにぴったりの、口当たりが優しい味である。

◉カフェ・ラテ、カプチーノ、カフェ・マキアート

いずれもイタリア発祥のエスプレッソコーヒーをベースにしたもので、シアトル系コーヒーショップのメニューとして知名度が高まった。エスプレッソコーヒーをベースにしながら、蒸気で温めたスチームドミルクと、蒸気で強く泡立てたフォームドミルクの泡の量の違いなどで、呼び分ける。

カフェ・ラテは、英語で「ミルク・コーヒー」のこと。ワンショット（約三〇ml）のエスプレッソコーヒーに、スチームドミルクをたっぷり入れたものである。

カプチーノは、ワンショットのエスプレッソコーヒーに、スチームドミルクとフォームドミルクを加えたものである。一般的なレシピではその比率は1：2：2とされている。一番上に載せるフォームドミルクの形と色合いが、カプチン会修道士が着ている僧服の頭巾に似ていることから、そう呼ばれた。

カフェ・マキアートは、ワンショットのエスプレッソコーヒーに少量のフォームドミルクを加えたもの。「マキアート」とはイタリア語で「染みのついた」という意味。コーヒーに注ぐフォームドミルクの痕が「染み」のように見えることから名付けられた。

◉ウィンナー・コーヒー

ウインナーとは、ウィーン風の、という意味である。日本では、濃い目に抽出したコーヒーの上に、角が立つくらいに強くホイップしたクリームを浮かべたものをそう呼ぶ。ザッハ・トルテで有名なザッハ・ホテルのカフェで、ケーキ用のホイップドクリームをコーヒーに浮かべてみたらケーキとよく合ったので、流行った。それが周辺国に「カフェ・ヴィエノワ（ウィーン風コーヒー）」として伝わっていったと言われている。

実はウィーンで「ウィンナー・コーヒー」と言っても通じない。これに近いものを飲みたいときは、「アインシュペナー（一頭立て馬車のこと）」か、「カフェ・ミット・シュラークオーベルス（泡立て生クリームを載せたコーヒー）」を注文する。

◉モカ・ジャバ（カフェ・モカ）

モカというのはコーヒー栽培が広がる前のアラビア半島イエメンのコーヒー輸出港の町で、ほとんどコーヒーの代名詞。ジャバというのは、オランダが開発したコーヒーの栽培地ジャワ島のことであり、ココア、チョコレートの原料であるカカオの栽培地でもある。この二つの材料をアレンジしたのが「モカ・ジャバ」である。

戦後、米国西海岸で、エスプレッソにチョコレートシロップとミルクまたはホイップクリームを入れた同じ趣旨の飲み物がなぜか「カフェ・モカ」という名前で売り出されて人気を博し、全米に急速に普及した。

カップにコーヒーと温めた牛乳、チョコレートシロップを入れてよく混ぜ合わせ、時にはカカオリキュールを加えて、ホイップクリームを浮かべ、その上に削りチョコレートを散らしてでき上がりである。

◉アイスコーヒー

もともと欧米人にはコーヒーを冷たくして飲むという習慣はほとんどなかった。一方、明治・大正期にコーヒーを飲み始めた日本人はコーヒーに氷を入れて飲むことに違和感を持つことがなく、やがて夏の定番として定着させたというのは面白い現象である。

アイスコーヒーは冷やして飲むことから、通常の焙煎のコーヒー豆では力の無いコーヒーとなってしまう。そのためアイスコーヒー用として焙煎・ブレンドされた深炒りのコーヒー豆を使うのがコツである。

COLUMN

コーヒーと映画・ドラマ

コーヒーはコミュニケーション・ツールでもある。映画やドラマで重要な役割を演じることも多く、そこにコーヒーの流行が現れることもある。

『ローマの休日』(一九五三年ウィリアム・ワイラー監督)は、イタリアを親善訪問中のオードリー・ヘプバーン演じる某国王女が、身分を隠してアメリカ人新聞記者とローマ見物をして回る楽しい映画である。カフェで王女が飲むのがシャンパンで、新聞記者が飲むのがアイスコーヒー。

同じオードリーが主演の『ティファニーで朝食を』(一九六一年ブレイク・エドワーズ監督)では、オードリー演じる気ままなニューヨーク娘のお気に入りが、まだ人気のない早朝に、パンとコーヒーを持ってニューヨーク五番街の高級宝飾店ティファニーのウインドーを眺めながら朝食を取ることだった。

『ベルリン・天使の詩』(一九八八年ヴィム・ヴェンダース監督)では、人間になった元天使が、人間だからこそ味わえるコーヒーの魅力を語る。

NHK-BSで一九九六年から一五年間三三一回も放映されたドラマ『ER緊急救命室』では、息つく暇もない怪我人の治療の間に、医者や看護師が人間らしい会話をかわす時にはいつもコーヒーがあった。

一九九七年からNHK総合で放映された人気ドラマ『アリー my Love』は、ボストンの法律事務所が舞台。スターバックスがよく登場し、そのおしゃれな印象と世界的流行をこのドラマが後押ししたと言われている。

『ふしぎな岬の物語』(二〇一四年成島出監督)では、喫茶店「岬カフェ」の女主人を演じた吉永小百合が、クランクインの二カ月も前からネルドリップでコーヒーを淹れる猛練習をし、プロ並みになったという。

二〇一五年公開の自主製作ドキュメンタリー映画『ア・フィルム・アバウト・コーヒー』(ブランドン・ローパー監督)では、ブルーボトルコーヒーの創業者ジェームス・フリーマンが、「職人技を突き詰めたコーヒーを求めると日本の喫茶店にたどり着く」と語る。

ラテアート

先述したように、深めに焙煎したコーヒーを極細挽きにし、蒸気圧をかけて急速に抽出したエスプレッソの上に、蒸気で温めたスチームドミルクを入れたものがカフェ・ラ・テであるが、スチームドミルクを注ぐ際に絵柄を描くことを「ラテアート」という。

ラテアートと呼ばれるものには大きく分けて二種類ある（次頁参照）。

なかでもリーフは、カフェで目にする機会の多い定番柄。ミルクピッチャーから注ぐ量をコントロールしながら、〝左右に振りながら引く〟と同時に〝傾けていたカップを徐々に戻していく〟という両方の動作をスムーズに行うことが要求される。

一般に、表面だけでなく、カップの中で起こる対流もイメージしないと複雑なデザインはできないという。

また、ミルクをきめ細かに泡立てないと、エスプレッソの部分と混ざり合って失敗するので注意。もったりし過ぎず、サラサラし過ぎない、ちょうどよいバランスのミルクフォームが理想である。

1 中心より少しずらした位置からミルクを注ぎ入れる。

2 底にミルクが潜り込むよう、少し勢いをつけて流し込む。

3

4 一定量を注ぐようにピッチャーの角度を保つ。

5 ゆっくりとピッチャーを左右に振りながら、底を徐々に上げる。

6 徐々に振り幅を小さくしながら、カップの手前に引いていく。

7 液面がカップの縁に届く直前に、中央を細い線で前方へと切る。

8

9 でき上がり。

フリーポア

ポアは英語の"POUR"、注ぐ、の意。ピッチャーから注ぐミルクの流れを操って、フリーハンドで作り上げるアートである。フリーポアは、注ぐだけで(free pour)という意味。

注ぐだけで、ハートやリーフ、フラワーを描くのは、エスプレッソとスチームドミルクの液体としての特性を熟知しているからこそできる、まさに妙技である。

デザインカプチーノ

ピックなどの道具やココアパウダーを使って細かいデザインを作り上げる方法。かわいらしい動物などの絵が描かれていることが多い。

この技術をエッチングという。エッチングというのは、銅版画を刻む表面加工技術の呼び方からの借用である。

味と香りの表現

抽出の章の締めくくりとして、ここではコーヒーの味、香りについて少し詳しく触れてみよう。

コーヒーには一〇〇〇種類を超える有機、無機化合物が含まれており、これらの成分が複合的に絡み合って香味ができ上がっている。こうした複雑な成分構成によるコーヒーの味覚を表現するにあたって、専門家は左表のような用語を使っている。

また香りも、コーヒーにとってはとても重要な要素である。コーヒーの香りを嗅いだだけで、嬉しくなったり、元気になったり、ほっとすることを誰もが経験的に知っている。

生豆のもつ青い植物の香り、焙煎のときの芳ばしい香り。挽き立てコーヒーの、あたり一面に広がる芳醇な香り。

そして、コーヒーを飲もうとするとき、飲む直前に、鼻から嗅ぐ香りが「アロマ」である。このアロマの好ましい評価用語には、果実の香り（フルーティ）、草の香り（ハーブ）、花の香り（フラワリー）などがある。

コーヒーを口に含んで、それが気化して喉の奥から鼻に抜けたときに感じる香りを「フレーバー」という。フレーバーの好ましい評価用語には、ナッツの香り、麦芽のような香り（モルティ）、カラメルの香り（カラメリー）などがある。

コーヒーを飲むとき、このような専門的表現を思い浮かべながら試してみるのも面白いかもしれない。

◉コーヒーの香味の評価用語（基本）

日本語	英語	解説
コクのある味	Body	口に含んだ（後の）量感、質感を感じる味。
甘味	Sweet	糖質と酸味の甘さの表現。
酸味	Acidity	ここでいう酸味とは、舌で感じても口腔に残らないさやわかなものをいう。
スッパ味	Sourish	後々まで口腔に残り、刺激的である。酸味と混合しやすい。
苦味	Bitter	カフェインなどの苦味の感覚。
焦げた味	Smoky	煙やタールなど、焦げた匂いを伴う感覚。
渋味	Astringent	舌を強く刺激し、舌の先端部が麻痺（まひ）したような感覚になるもの。
古い味	Stale	時間の経過とともに成分、特に脂肪の変化と発酵の味など複合の味が現れた油臭い味。
発酵した味	Fermented	非常に不快なスッパ味。刺すような刺激的な味。
カビの味	Musty	乾燥度合いが異なった豆が混入されたり、湿度の高い所、水気に触れた場合に発生する。
土の味	Earthy	乾燥式の豆に出る味、土ぼこりの汚れた感覚。
汚れ埃の味	Dirty	麻袋の汚れなどの臭気が豆に移った感覚。
青味	Green	生臭く、未成熟の味。

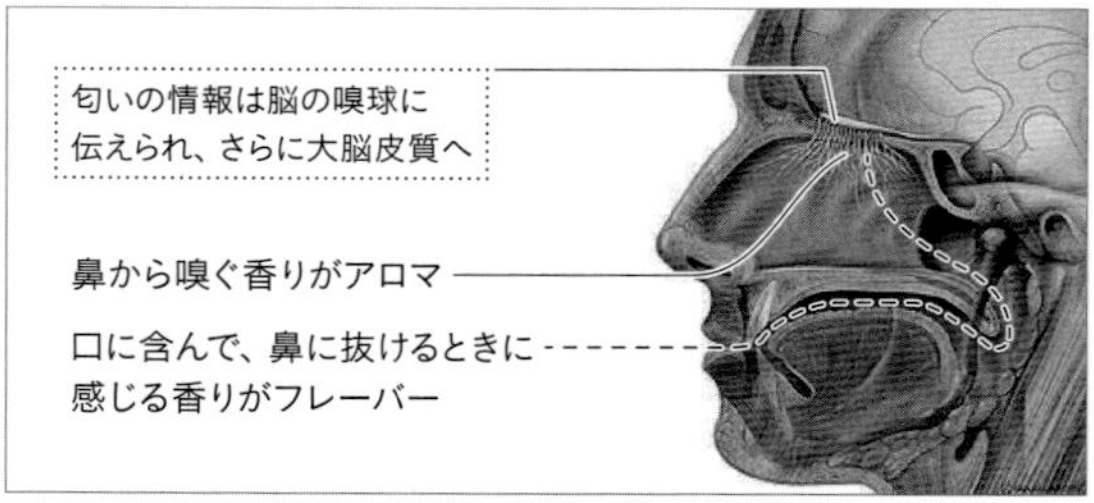

匂いの情報は脳の嗅球に
伝えられ、さらに大脳皮質へ
鼻から嗅ぐ香りがアロマ
口に含んで、鼻に抜けるときに
感じる香りがフレーバー

アロマとフレーバー

コーヒーと水

コーヒーを美味しく淹れるには、どういう水を使うのがよいのだろうか。

水には、主にカルシウムイオンとマグネシウムイオン（これらをミネラルと呼ぶ）が含まれており、そのミネラルの量によって「硬水」「軟水」に分けられる。

WHO（世界保健機関）の基準で、一ℓあたり一二〇mg以下を「軟水」、それ以上を「硬水」という。

一般に、軟水は口当たりが軽い。硬水はマグネシウムが多いほどしっかりした飲みごたえを感じるようである。日本の水道水は、沖縄を除いて、だいたい料理や飲用に適した高水準の軟水だが、欧州では飲用に適さないほどの硬水も多い。だから水代わりに飲むワインが発達したともいわれている。

硬水と軟水のどちらの水がコーヒーに適しているかは、意見が分かれるところ。たとえばマイルドなコーヒーを好むなら軟水で淹れたほうをより美味しいと感じるだろう。酸味も感じやすい。硬水では、ロースト香が強く出、苦味が引き立つことになる。

◉世界の水——硬度スペクトル

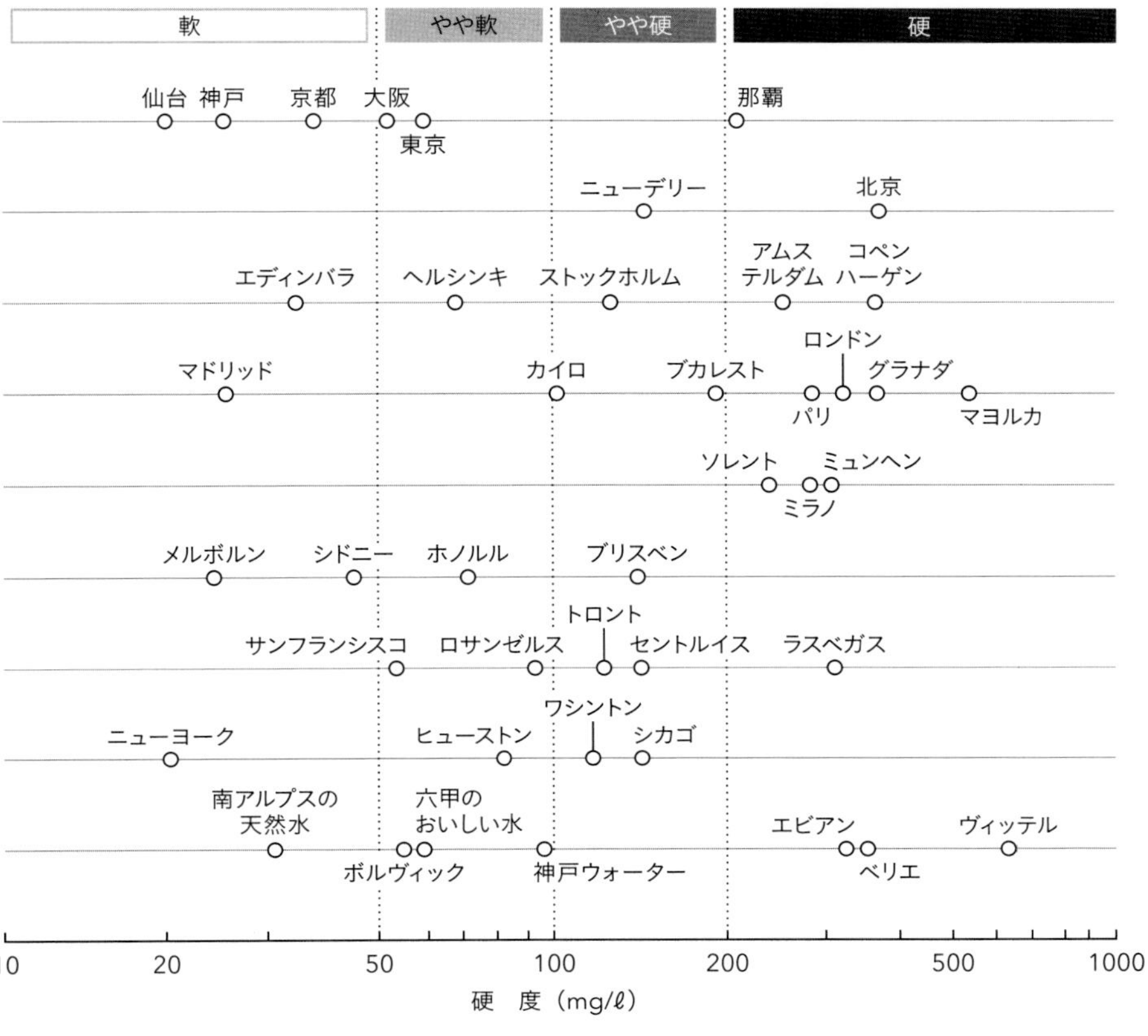

軟 / やや軟 / やや硬 / 硬

仙台 神戸 京都 大阪 東京 那覇

ニューデリー 北京

エディンバラ ヘルシンキ ストックホルム アムステルダム コペンハーゲン

マドリッド カイロ ブカレスト パリ ロンドン グラナダ マヨルカ

ソレント ミラノ ミュンヘン

メルボルン シドニー ホノルル ブリスベン

サンフランシスコ ロサンゼルス トロント セントルイス ラスベガス

ニューヨーク ヒューストン ワシントン シカゴ

南アルプスの天然水 ボルヴィック 六甲のおいしい水 神戸ウォーター エビアン ペリエ ヴィッテル

10 20 50 100 200 500 1000

硬　度（mg/ℓ）

資料：日下譲・竹村成三『化学と工業』（1990年、社団法人日本化学会、第43巻、1479頁）より作成

日本の水道水の質は、世界的にみても高水準の軟水にあるため、コーヒーを淹れるのは水道水で十分である。ただし、水道水にはさまざまな不純物や塩素などが含まれているので、活性炭入りの浄水器を通した水を使用するのが望ましい。

CHAPTER

6 文化

コーヒーを栽培し、収穫し、焙煎・粉砕し、淹れて、飲むという一連の行為、飲む場づくりなど関係するすべてが、人類が生んだ文化そのものであるが、そのコーヒーが、さらに美術、音楽、文学などさまざまの分野のアーティストの創作意欲をかきたてていたことも忘れてはならない。

芸術文化のインキュベーターとなった世界の老舗カフェ

コーヒーを飲ませる空間・カフェは、誰でもわずかのお金でコーヒーが飲めて、ひとりで自由に寛げる都会のオアシスであり、アジール（避難所）であった。また複数の人間が語らい、交流する場でもあった。それに加えて、人々を元気にし、精神を高揚させ、また鎮静化するコーヒーそのものの効果から、画家、音楽家、哲学者などが集い、相互に刺激し、新しい発想を得る、芸術文化のインキュベーター（ふ卵器）でもあった。

世界の老舗カフェには、単に歴史が古いだけでなく、そうしたレジェンド（伝説）が色濃く付随している。

◉アンティコ・カフェ・グレコ（ローマ）

ローマの観光地スペイン広場の前に位置する創業一七六〇年の老舗カフェで、ショパン、リスト、ワーグナー、ゲーテ、ニーチェ、アンデルセンなどイタリアに憧れた数多くの音楽家、文学者、芸術家がこの店を訪問した。彼らのレリーフや絵が壁いっぱい掲げられていて、博物館のようである。イタリアの重要文化財に指定されている。

（上）アンティコ・カフェ・グレコ、（下）カフェ・フローリアン

◉カフェ・フローリアン（ベネチア）

ベネチア観光の中心地サンマルコ広場に面した有名な老舗・超高級カフェで一七二〇年創業。創業当時は「アッラ・ヴェネチア・トリオンフォンテ（勝ち誇るベネチア）」という名前であったが、のち創業者のフロリアーノ・フランチェスコーニの名をとって、カフェ・フローリアンと呼ばれるようになった。ゲーテ、スタンダール、カサノヴァ、ワーグナー、モネ、ジャン・コクトーなどヨーロッパの著名人、芸術家に愛された。店内のインテリア、家具調度、食器に至るまで、宮殿のごとく古典的で豪勢である。サンマルコ広場に面した外の席は、ときに音楽の演奏が楽しめる。

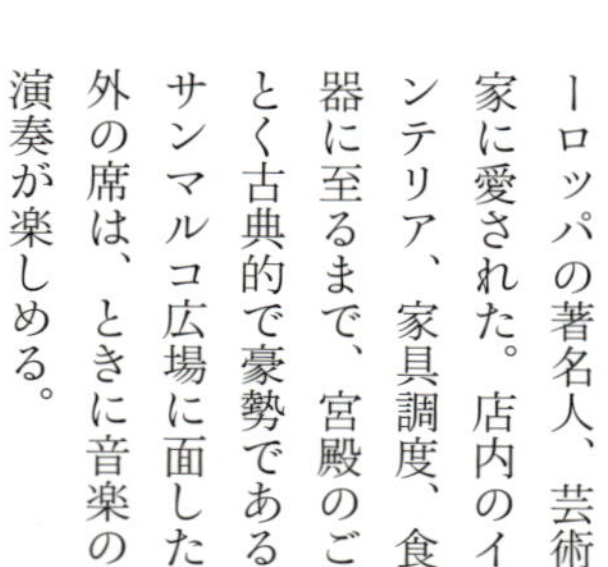

◉ラ・ロトンド（パリ）

パリのモンパルナス大通りとラスパイユ大通りの角の三角地にあり、赤いテントが道路に突き出し、テラス席がしつらえられている。一九二四年の創業で、モジリアーニ、ピカソ、シャガール、マチス、ダリ、藤田嗣治などエコール・ド・パリの画家たちのたまり場であった。店の横には、コーヒー狂と言われたバルザックの像がある。

◉ドゥ・マゴ（パリ）

一八八五年、カフェとして営業開始。元は民芸品店であり、その名残で中国の人形が二つある。店名はそれにちなむ。第二次大戦後、サルトル、ボーボワールなど、実存主義者たちにサロン代わりに使われて有名になった。パリのサンジェルマン大通りとボナパルト通りの角にある。緑のテントが覆うテラス席が人気で、前の広場ではいつもパフォーマンスが演じられている。

◉カフェ・シュバルツェンベルク（ウィーン）

一八六一年創業の老舗。名前はオルリーの戦いでナポレオンを打ち破った将軍の名前の大通りに面していることにちなむ。ニューイヤーコンサートが行われる楽友協会ホールの近くである。大理石のテーブルやヨーゼフ・ホフマンがデザインしたイスなどが置かれ、シックな雰囲気で、週の後半の夕方にはピアノとバイオリンの生演奏で、ワルツやポルカが楽しめる。メニューが豊富で、ウィーンスタイルのコーヒーのほか、世界のコーヒーや、オレンジリキュール入りの「マリア・テレジア」などが楽しめる。

（上から）ラ・ロトンド、ドゥ・マゴ、カフェ・シュバルツェンベルク、カフェ・ツェントラル

◉カフェ・ツェントラル（ウィーン）

一九世紀末から二〇世紀初頭、ペーター・アルテンベルク、エゴン・フリーデルなどの「カフェ文士」や、音楽家ブルックナー、マーラー、画家のクリムト、建築家アドルフ・ロースなどが愛用したカフェである。「カフェ文士」のひとり、アルフレート・ポルガーに『カフェ・ツェントラルの理論』と呼ばれる有名な文章がある。いわく、「カフェ・ツェントラルは、孤独の子午線上、北緯ウィーンに位置する。その住人のほとんどは、人間嫌いと人恋しさが昂じるあまり、ひとりでいることを切望しつつ仲間を求めずにはいられないのである」。

写真提供：PPS通信社

ヨーロッパに輸出された
柿右衛門窯　梅鶉の中皿

柿右衛門窯のカップ＆ソーサー
（UCCコーヒー博物館蔵）

味わいをさらに深める役割
コーヒーカップ

◉カップの歴史

われわれが日常に使っている白地で薄く、叩くと金属のような高い音がする焼き物を「磁器」という。厚くて、叩くと低い鈍い音がするのは「陶器」である。

陶器と磁器では材料と焼成温度が違う。磁器は近世以前、世界中で中国と朝鮮でしか作れなかった。日本で作れるようになったのは、豊臣秀吉が朝鮮半島から陶工を連れて帰り、その陶工のひとり李参平が有田の泉山で、磁器の材料となる磁石の鉱脈を発見（一六一六年）してからのことである。佐賀藩主は自藩の産業振興のため、有田における生産技術の独占と大量生産を図り、その製品を近くの伊万里港から出荷したので、有田の焼き物が伊万里焼と呼ばれるようになった。伊万里焼は、本場中国の景徳鎮にも負けないくらいの品質に高められていった。

当時、オランダの東インド会社は中国の景徳鎮で仕入れた高度な技術と意匠の磁器をヨーロッパの王侯貴族に売って利益を上げていたが、中国の内戦、明（漢民族）から清（満州族）への王朝の交代（一

COLUMN

カップの大きさ

一般的なレギュラーカップの容量は、器の八分目まで入れて約一四〇mlのものである。フルコースの食事のあとに出る小さなコーヒーのカップは、容量が七〇〜八〇mlで、「デミタス」という。デミとはフランス語で半分、タスはカップという意味である。さらに小さいエスプレッソ専用カップの容量は二五〜三五mlで、冷めにくいように、やや厚めにできている。

エスプレッソをベースに、スチームドミルクとフォームドミルクをたっぷり入れて楽しむカプチーノ用のカップは、レギュラーカップより大きい一五〇〜一八〇mlの容量である。さらに大きいのがマグカップの一六〇〜一八〇ml、コーヒーをカジュアルにたっぷり飲むのに適している。これにはソーサーが付かない。

柿右衛門窯の絵柄をコピーした
マイセンのカップ＆ソーサー

六四四年）の社会混乱から、景徳鎮で磁器を仕入れることができなくなった。そのときオランダが代替商品として目を付けたのが伊万里焼であり、とくに白磁の素地に余白を活かして描く「赤絵」を特徴とする工房「柿右衛門窯」の製品であった。オランダの東インド会社は柿右衛門をはじめとする伊万里焼を、長崎からインド・中東・ヨーロッパへ大量に輸出し、多額の利益を上げた。

伊万里焼がヨーロッパで大流行すると、何とか同じものを作れないかと各地で試みが行われた。その中で、ザクセン選帝侯（兼ポーランド王）のアウグスト二世は、錬金術師のヨハン・フリードリッヒ・ベドガーを城の中に閉じ込めて研究に専念させた結果、一七〇九年磁土を使った白磁の製造に成功し、さらに絵師ヨハン・グレゴール・ヘロルトが柿右衛門の忠実な写し（コピー）に成功した。こうしてできたのが、「マイセン窯」である。さらにそのコピー（孫写し）によって、英国の「チェルシー窯」、「ボー窯」、「ウースター窯」などの基礎は作られた。こうしてヨーロッパでは東洋から輸入しなくても磁器の生産ができるようになり、それぞれの窯独自の意匠の洋食器の体系を完成させた。

写真は、ヨーロッパに輸出された柿右衛門窯の皿と、その絵柄をコピーしたマイセンのコーヒーカップ＆ソーサーである。初期のカップにはハンドル（取っ手）は付いていなかった。

17世紀中頃〜18世紀初頭
マイセンが独自に開発した
カップ＆ソーサー
（UCCコーヒー博物館蔵）

1775―1780年
赤紫彩花卉文
マイセン（ドイツ）

ウェッジウッド（イギリス）

ロイヤルクラウンダービー（イギリス）

1740年 黄地色絵金差彩港景図八角
マイセン（ドイツ）

ウェッジウッド（イギリス）

マイセン（ドイツ）

リモージュ（フランス）

ロイヤルコペンハーゲン（デンマーク）

マイセン（ドイツ）

アビランド（フランス）

髭のある人用のコーヒーカップ

リガ（ラトビア共和国）

リチャードジノリ（イタリア）

1860年 瑠璃地天使図
マイセン（ドイツ）

大倉陶園（日本）

サルガデロス（スペイン）

アウガルテン（オーストリア）

大倉陶園（日本）

レノックス（アメリカ）

ヘレンド（ハンガリー）

スポード（イギリス）

ウェッジウッド（イギリス）

コールポート（イギリス）

スポード（イギリス）

ウェッジウッド（イギリス）

ロイヤルクラウンダービー（イギリス）

スポード（イギリス）

ウェッジウッド（イギリス）

ロイヤルクラウンダービー（イギリス）

レイノー（フランス）

ロイヤルドルトン（イギリス）

ミントン（イギリス）

アビランド（フランス）

ロイヤルドルトン（イギリス）

ミントン（イギリス）

ヘレンド（ハンガリー）
リチャード ジノリ（イタリア）
KPM ベルリン（ドイツ）

ヘレンド（ハンガリー）
アウガルテン（オーストリア）
KPM ベルリン（ドイツ）

ヘレンド（ハンガリー）
アウガルテン（オーストリア）
ヘキスト（ドイツ）

ロイヤルコペンハーゲン（デンマーク）
アラビア（フィンランド）
ヘキスト（ドイツ）

レノックス（アメリカ）
アラビア（フィンランド）
アビランド（フランス）

美濃（岐阜県）

飯能（埼玉県）

大雪（北海道）

賤機（静岡県）

無名異（新潟県）

堤（宮城県）

常滑（愛知県）

九谷（石川県）

白岩（秋田県）

瀬戸（愛知県）

越前（福井県）

会津本郷（福島県）

瀬戸焼（愛知県）

松代（長野県）

益子（栃木県）

内原野（高知県）
袖師（島根県）
伊賀（三重県）

砥部（愛媛県）
備前（岡山県）
万古（三重県）

鍋島（佐賀県）
宮島（広島県）
立杭（兵庫県）

伊万里（佐賀県）
萩（山口県）
赤膚（奈良県）

壺屋（沖縄県）
大谷（徳島県）
牛ノ戸（鳥取県）

マティス「豪奢・静寂・逸楽」1904　オルセー美術館蔵　Henri Matisse. Luxe, Calme et Volupté　

画家たちの身近にあったコーヒー

アンリ・マティス（一八六九―一九五四年）は、フォーヴィズム（野獣派）のリーダー的存在であったが、野獣派の活動が終わった後も二〇世紀を代表する芸術家の一人として活動を続け、「色彩の魔術師」と呼ばれた。上の作品は浜辺でのピクニックを明るい点描画で描き、題名どおり安らぎと幸福を表現しており、その中心にコーヒーポットとカップ&ソーサーが描かれている。

パブロ・ピカソ（一八八一―一九七三年）は、二〇世紀を代表する前衛画家で、多作であることでも知られている。作風を次々と変えたが、モチーフを分解して二次元に描くキュビズムの創始者である。次頁上の作品は、時期的にはキュビズムのあとのものであるが、形態の簡略化と奔放な筆致が典型的な作品。コーヒーポットとカップが描かれている。

ポール・セザンヌ（一八三九―一九〇六年）は、印象派・ポスト印象派の画家で、二〇世紀の美術に多大な影響を与えた「近代絵画の父」として有名である。明るい個性的な色使いで知られている。次頁

ピカソ「カップとグラスとコーヒーポット」1945　ポンピドゥーセンター蔵

Picasso, Tasse, verre et cafetière　

セザンヌ「女とコーヒーポット」
1890―1895　オルセー美術館蔵

Paul Cézanne, La Femme à la cafetière

モネ「昼食」1874頃　オルセー美術館蔵

Claude Monet, Le Déjeuner　

カンディード・ポルティナリ
「ブラジルのコーヒーの収穫」
Cāndido Portinari, Récolte de café au Brésil

マルセル・グロメール
「コーヒーミル」ルーヴル美術館蔵
Marcel Gromaire, Le Moulin à café

右下の作品には、ドゥ・ベロワのドリップポットが描かれている。

クロード・モネ（一八四〇―一九二六年）は、終生、印象主義の技法を追求し続けた、最も典型的な印象派の画家で、「光の画家」と言われる。前頁左下の作品も中庭の光と影が明るく柔らかに描かれており、中心にコーヒーポットとカップ&ソーサーが描かれている。

マルセル・グロメール（一八九二―一九七一年）は、第一次世界大戦の兵役で負傷して帰還後、マチス、セザンヌ、レジェの影響を受け、油画、水彩画、版画（エッチング、リトグラフ）、タピストリーなど多彩に、国際的に活躍し、社会派リアリ

ポール・イリブ「ライバル」1902
Paul Iribe, Rivales. Dessin paru dans l'Assiette au Beurre

ズムと呼ばれる力強い作品を残した。一九三七年パリ万博の磁器メーカー「セーブル」パビリオンの装飾を担当し、一九五〇年代には国立美術学校の教授も務めた。右頁下の作品には、コーヒーミルとコーヒーポットがデフォルメして描かれている。

カンディード・ポルティナリ（一九〇三—一九六二年）は、ブラジルを代表する画家・壁画家である。サンパウロ州のコーヒー園で働くイタリア移民の子として育ち、リオデジャネイロの国立美術学校に進学、卒業時に金賞を得てパリに留学、帰国してヨーロッパの画法でブラジルの日常生活をブラジル人の感性で描く、ブラジルで最も重要な画家となった。米国議会図書館ヒスパニック館の玄関の壁画も彼の作品である。

ポール・イリブ（一八八三—一九三五年）は、アールデコ時代のイラストレーターであり、装飾デザイナー。一〇代で挿絵画家としてスタートした彼は、一九〇八年、ポール・ポワレ（デザイナー）のドレスを着た若い女性たちを描いた版画シリーズで人気を得る。この小冊子こそ、ファッションの流行をファッション誌が作るきっかけになったと言われている。彼はココ・シャネルの恋人としても知られるが、ランバンの香水ボトルの母娘のイラストも彼が描いたもので、現在もランバンのブランド・マークとして受け継がれている。上の作品は一〇代の頃のもので、コーヒーを介しての人間関係が描かれる。

各国が誇りをもって発行する切手にもコーヒーが…

コーヒーは、コーヒー生産国において、生産に従事する人々の暮らしの糧であり、働く喜びの源であり、国にとっては外貨を稼ぐ主要輸出商品である。コーヒー生産への関心は非常に高い。国の誇りを世界に向けて示す「最小の美術品」とも言われる切手に、コーヒー生産が描かれるのはごく当然であり、実に多くのコーヒー切手が発行されている。

生産国ほどではないが、コーヒー消費国にも、生活の中になくてはならない存在として描かれたコーヒーの切手が増えてきた。ここではUCCコーヒー博物館に所蔵・展示されている切手の一部を紹介する。

最初に紹介するのは、コーヒーが描かれた世界一古い切手①である。一八九四年発行のエチオピアの切手で、当時の皇帝メネリク二世の横顔の肖像の周囲に、コーヒーの枝をデザインしてある。②はそれより古い一八七八年発行のニュージーランドの普通切手なのだが、裏に「ひとときに、コーヒーを」とある。休憩にコーヒーを勧める宣伝文なのだが、これを①より古い「最古のコーヒー切手」と認めるか否か、コーヒー切手収集家の間で議論があるという。

　次の③も古いコーヒー切手である。一九二〇年、ブラジル発行。ベルギー王夫妻の訪問を記念して、アルベール王とブラジルのペソア大統領の肖像を描いている。ブラジル大統領の右側に、実をつけたコーヒーの枝が描かれている。
　④は、一九五六年発行のコロンビアの切手で、一六七歳まで生きたといわれるハビエル・ペレイラ氏。肖像の下に、長生きの秘訣を尋ねられた時の答えがある。「くよくよせず、コーヒーをたくさん飲み、うまい葉巻を吸うといい」とのこと。
　次の頁に見るように、ほとんどの生産国がコーヒーノキの白い花やレッドチェリーを描いた切手を発行している。美女が収穫をしている絵柄も多い。しかしコーヒーの害虫を描いた⑤は珍しい。防虫啓発の意図があるのだろう。一九九一年コンゴ共和国発行のものである。
　⑥は二〇〇一年発行で新しいが、ブラジルらしい世界でも珍しい切手である。左端に実を付けたコーヒーの枝、麻袋からあふれ出るコーヒーの豆と、カップ&ソーサーに入って、湯気を漂わせているコーヒーを描き、切手そのものにコーヒーの香りがついている。
　なお、カップやカフェなど、飲むシーンを描く切手は、消費国に多い。

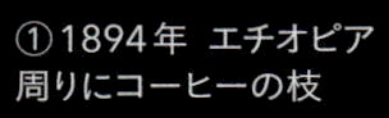
①1894年 エチオピア
周りにコーヒーの枝

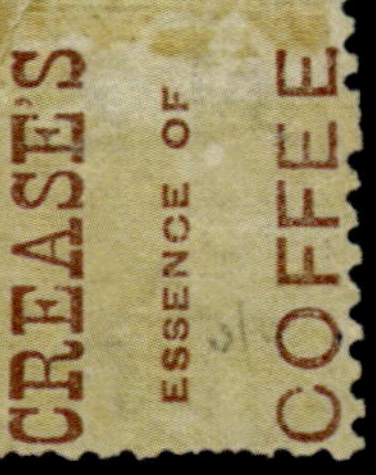

②1878年
ニュージーランド
裏にコーヒーの
宣伝

③1920年 ブラジル
コーヒーの枝

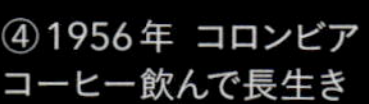
④1956年 コロンビア
コーヒー飲んで長生き

⑤1991年 コンゴ コーヒーの害虫

⑥2001年 ブラジル
コーヒーの香り付き

1956年 エルサルバドル
サンタ・アナ県
100周年記念切手

1950年 グアテマラ
輸出農産品の宣伝
コーヒーの収穫

1947—58年
イエメン
モスクの門の中に
コーヒーの花を描く

1938年 ブラジル コーヒーの宣伝

1970年 コートジボワール
独立10周年記念

1973年 カメルーン
輸出農産品

1977年 コロンビア
全国コーヒー生産者
組合50周年
ラバで麻袋を運んでいる

1950年 コスタリカ
全国農業畜産工業展記念

1988年 ケニヤ 独立25周年記念

1994年 ジャマイカ ブルーマウンテンの山頂、
周囲はコーヒーの実

1979年 エルサルバドル 同国コーヒー協会50周年記念 コーヒー栽培過程を描く

2009年 ボスニア・ヘルツェゴビナ
ボスニア風コーヒー

1988年 オーストラリア
ニュージーランドとの友好200周年記念
コアラとキーウィ

1958年 ブラジル 日本移民50周年
稲とコーヒーと農具を描く

2008年 オランダ
コーヒーを飲む妖精（絵本）

1989年 コロンビア
国際コーヒー輸出入協会記念
輸出入国を色で塗り分けている

2008年 日本 日本ブラジル交流年
移民船笠戸丸とコーヒーの実を描く

2009年 ポーランド コルシツキー（ポーランド人）を描く

2008年 ラオス コーヒーの宣伝

2011年 オーストリア
老舗カフェ・ハヴェルカの
外観と名物コーヒー「メランジェ」

1999年 オーストリア
カフェを描く
Herzig（画家）の作品

2003年 オランダ コーヒー企業250周年記念

音楽家たちもコーヒーを賛美

ヨハン・セバスティアン・バッハは大のコーヒー好きで、彼の『コーヒー・カンタータ』（一七三二年）が、フリードリッヒ大王に対するプロテストソングであったことは、第1章「起源」で述べたとおりである。ベートーベンも大変なコーヒー好きで、朝食は一杯のコーヒーだけ。みずから豆を挽き、淹れて飲んでいたことがウェーバーなど周辺の音楽家の証言で明らかになっている。チャイコフスキーも、バレエ音楽『くるみ割り人形』（一八九二年）の第五楽章「アラビアの踊り」で、コーヒーの精を表現した。

時代は下って二〇世紀。

霧島昇とミス・コロンビアが歌う『一杯のコーヒーから』は、服部良一の作曲、藤浦洸作詞で、一九三九（昭和十四）年の流行歌。日中戦争が始まっていたが、明るいモダンな曲である。二〇〇七年にさだまさしが、二〇一四年に八代亜紀がカバーしている。

一九三〇年代から九〇年代まで長く歌手・映画俳優として活躍したフランク・シナトラは、『コーヒーソング』という軽快な曲を甘い声で歌っている。

同じ時期、ヨーロッパで歌手・映画俳優として活躍し、日本では『枯葉』で知られているイタリア系フランス人イヴ・モンタンも『コーヒー畑』というシャンソンを歌っている。

ペギー・リーの歌う『ブラック・コーヒー』は、大人の色気が香るブルースの傑作と言われている。作詞ポール・ウェブスター、作曲ソニー・バーク、一九五三年録音である。

『コーヒー・ルンバ』の原曲は、ベネズエラの作曲家ホセ・ペローニが一九五八年に作詞・作曲した「コーヒーを挽きながら」で、それをウーゴ・ブランコが演奏して世界的にヒットさせた。日本では中沢清二が詞を付け、一九六一（昭和三六）年に西田佐知子が歌って大ヒットし

バッハ『コーヒー・カンタータ』を収録した、クリストファー・ホグウッド指揮『コーヒー＆農民カンタータ』（ポリドール、1987）

『コーヒー畑』（1958）を収録した、『枯葉〜ベスト・オブ・イヴ・モンタン』（ユニバーサル、2015）

『コーヒーソング』（1946）を収録した、フランク・シナトラ『As Time Goes By』（Pegasus、2007）

た。当時、ザ・ピーナッツも競作した（作詞あらかはひろし）。森山加代子、フリオ・イグレシアス、国実百合、荻野目洋子、井上陽水、工藤静香、ピンクジャムプリンセス、伴都美子がカバーし、いまだに人気が高い。

『ワン・カップ・オブ・コーヒー』（一九六四年）は、ジャマイカのレゲエミュージシャン、ボブ・マーリーの作詞作曲である。彼の音楽と思想は数多くの人々に多大な影響を与えた。

キャロル（作曲大倉洋一、作詞矢沢永吉）の『コーヒー・ショップの女の娘』（一九七三年）は、彼らの最大のヒット作『ファンキー・モンキー・ベイビー』のB面であった。

『ワン・モア・カップ・オブ・コーヒー』は、『風に吹かれて』『ライク・ア・ローリング・ストーン』など多数の楽曲で一九六〇年代に影響を与え、数々の大賞を受賞したシンガーソングライター、ボブ・ディランの一九七六年の曲である。幸せ薄い若者が、「道を行くためにコーヒーをもう一杯、眼下の谷に行く前に」と歌う。

アルゼンチンタンゴのアストル・ピアソラが、ギターとフルートの編成で作曲した『タンゴの歴史』（一九八六年）は、タンゴ変遷の歴史を一九〇〇年から三〇年ごとに区切って鮮やかに描き出した名曲であり、『カフェ1930』はその第二楽章。彼の死後、ピアソラの楽団とチェロの巨匠ヨーヨー・マが作ったアルバム『SOUL OF TANGO／ヨーヨー・マ プレイズ ピアソラ』の中に収められている。

モーニング娘。の『モーニングコーヒー』は、当初メンバー五人のメジャーデビュー作品。つんくの初の本格的プロデュース作品でもある。

『ワン・カップ・オブ・コーヒー』（1964）を収録した、ボブ・マーリー『Songs of Freedom』（Island、1999）

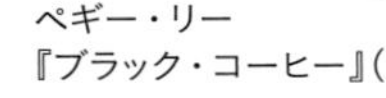

ペギー・リー『ブラック・コーヒー』（1954）

『ワン・モア・カップ・オブ・コーヒー』（1976）を収録した、ボブ・ディラン『欲望』（ソニー、2005）

西田佐知子『コーヒー・ルンバ』（1961）

コーヒーを糧に創作に励んだ文学者たち

ここではコーヒーと文学の関係を見る。コーヒーに対する規制や抑圧は、コーヒーがイスラム世界のものだった時代にもあったし、ヨーロッパ世界に普及してからもあった。コーヒーを讃えることは、それに対するプロテストでもあった。次の詩は、一五一一年頃、コーヒーに対する抑圧に抗して作られた最も古い、アラビアにおけるコーヒー讃歌文学である。

コーヒーを讃える

ああ、コーヒー。愛されし香り高き
飲み物、憂いを追い払う。
昼夜、勉学に励む者、それを望む。
人を慰め人に健やかさを与える。神
より恩恵を与えられん、
休息を取らずして知恵を求めて歩む
者は。
その豆、芳ばしきこと麝香（じゃこう）のごとく
にて、黒きこと煤墨（すすずみ）のごとし。
芳香の液体を飲みたる者、それのみ
真実を知る。
分別なき者、味わわずして、その飲
用をそしる。
喉渇きて助けを求めたりとも、神は
恵みを施さぬ。
ああ、コーヒーは我が宝。コーヒー
の育ちたるところ、
そこに住みたる者は気高く、真の効
能をあらわす。

（W・H・ユーカーズ／UCC上島珈琲株式会社監訳『オール・アバウト・コーヒー』TBSブリタニカ、七二九頁）

一七世紀のヨーロッパでは、人々はワインやビールを水代わりに飲み、常に半酩酊状態にあったという。それに対してイスラム世界から伝わったコーヒーは、人々を覚醒させる役割を担った。アルコールの毒素に当たって呆けていく人類を、市民的理性と能率に目覚めさせるのはコーヒーである、というのが一七世紀のコーヒー・キャンペーンのスローガンであった。イギリスの清教徒文学は、さっそくこのテーマを取り込んだ。その一つの事例、一六七四年に書かれた匿名の詩である。

悪意に満ちたワインが／世界を汚し／我らの理性と魂をともに／泡立つ酒杯に溺れさせた。
（……）
濁ったエールが我らの脳髄に／不純な霧を立ち昇らせた。
そのとき神は我らのもとに／ありがたい木の実をつかわされた、
（……）
コーヒーが我らのもとに来た、このありがたい万能の飲み物
胃に良く、精神を活発にし、／記憶力を強め、悲しむものを快活にし、
傲慢になることなく、生きる意志を目覚めさせる。

（W・シヴェルブシュ／福本義憲訳『楽園・味覚・理性』法政大学出版局、三七頁）

ここに表れているような、酒による酩酊から、コーヒーによる覚醒、理性の使用へという嗜好の変化、時代の気分の変化が、こののち「市民革命」から植民地の独立へ、世界史を動かしていくことになる。

日本でも『ガリバー旅行記』の著者として有名な風刺作家、ジョナサン・スウィフト（一六六七－一七四五年）は、旅行中に出した愛人への手紙の中で、コーヒーを一緒に飲むことの意味について、次のように書いている。

私の人生最高の格言は、お前がコーヒーをたてられる時にはそれを飲み、お前がコーヒーをたてられない時には、コーヒーなしでも気楽にい

ることである。

ふしだらな格好でコーヒーを飲みながら、お前の声を聞きたい。内緒話を聞かせてほしいと私にせがみながら、「コーヒーをお飲みなさい。どうしてコーヒーをお飲みにならないの」というお前の声だ。

（前掲『オール・アバウト・コーヒー』七六〇—七六一頁）

ヨーロッパでコーヒーを最も愛飲し、ほとんどそれを糧に創作をしていたのは、フランスの文学者バルザック（一七九九—一七七八年）であった。コーヒーを飲むと、いかに執筆活動がはかどるか、戦闘に例えて次のように書いている。

オーギュスト・ロダン「バルザック（習作）」国立西洋美術館所蔵
Photo：NMWA/DNPartcom　撮影：©上野則宏

現代の刺激物について（抄）

コーヒーが胃袋に落下するや広範な動きが生じる。構想が活動を始め、それはまさに戦場における大軍隊の大隊のごとくであり、そして戦闘が開始する。記憶が軍旗を風になびかせ全速力でよみがえる。比喩的表現の軽騎兵が堂々と戦闘態勢につき、論法の砲兵隊が敏速に砲列と弾薬を運び来たる。機知の矢柄（やがら）が起立し始め、まさに狙撃手のごとくである。直喩表現が立ち上がり、紙はインクの文字で覆われる。戦いが開始し、黒き液体の奔流で決着がつく。まさに戦闘が火薬で決着つくがごとくである。

（前掲『オール・アバウト・コーヒー』七五三頁）

他方、隣国ドイツでは、ドイツの繁栄と家庭的平和をコーヒーが象徴する詩が

『七〇歳の誕生日』原本に添えられた銅版画

書かれていた。作者はヨハン・ハインリッヒ・フォス（一七五一—一八二六年）という、ギリシャ古典をドイツ語に翻訳して人々の需要に応えていた文学者である。

彼はホメロスの英雄叙事詩『イリアス』や『オデッセイア』に用いられていた荘重な詩型を使って、ドイツの平凡な家庭情景を描いた。その『七〇歳の誕生日』（一七八一年）という長い詩の最後の部分、七〇歳の誕生日を迎える老人がロシア皮で張った父祖伝来の肘掛椅子でまどろんでいる。傍らで老妻がいそいそと部屋を掃除し、コーヒーを淹れる準備を始めている。そこに吹雪をついて祝いに訪れる息子夫婦が到着する、という場面である。

膝をがくがく震わせながら母さんは急いで立ち上がり、その心臓は不安げに震え、その息は短く、早足に歩くうちに彼女のスリッパが脱げてしまう。ピシッパシッ、馬に鞭を当てる音がだんだんと近くなったかと思うとソリはもう中庭の門をすり抜けて庭に滑り込み、雪を被った馬たちは扉の所で荒い息をしながらたたずんでいる。母さんは急いで出てきて「さあ、さあ、よく来た、よく来た、いらっしゃい」と大声で叫ぶ。最初にソリを飛び降りた、愛する息子にキスし抱擁し、娘が毛をいっぱい暖かく詰めた足袋と、柔らかいビロードのフードを脱ぐのを助け、彼女にキスすると、喜びの涙が母の顔から娘の美しい頬に落ちて走る。「でも、お父さんはどこ。お元気で誕生日を迎えたのでしょうね?」息子が尋ねる。母さんは手でシッの合図しながら黙らせる。「お父さんはおやすみよ。さあ、あなたたちは雪を被ったコートを脱いで。可愛らしい娘さん、父さんにキスして起こしてあげて。まあ可哀想!頬が東風で真っ赤になって!でもお部屋はもうすっかり暖かいわ。すぐにコーヒーを淹れるわ。」彼女はそういいながら、轆轤にかけて巧みに仕上げられたハンガーに彼らの外套をかけ、軽くノブを廻し、扉を開けて子供夫婦を入らせる。美しい顔（かんばせ）の若奥様は跳ねるようにあとを追い、老人の頬にキスをすると、老人は驚いて見上げ、子どもたちの抱擁に身を委ねた。

（臼井隆一郎訳）

一般には随筆家と知られているが、結晶体のX線解析で、実はノーベル賞級の研究をしていた物理学者寺田寅彦（一八七八—一九三五年）も、コーヒーが研究活動を促進し、「官能を鋭敏にし、洞察と認識を透明にする点で、いくらか哲学に似ている」として、「コーヒー哲学序説」という随筆を一九三三年に書いている。これも一種のコーヒー讃歌である。

研究している仕事が行き詰まってしまってどうにもならないような時に、前記の意味でのコーヒーを飲む。コーヒー茶わんの縁がまさにくちびると相触れようとする瞬間にぱっと頭の中に一道の光が流れ込むような気がすると同時に、やすやすと解決の手掛かりを思いつくことがしばしばあるようである。

こういう現象はもしやコーヒー中毒の症状ではないかと思ってみたことがある。しかし、中毒であれば、飲まない時の精神機能が著しく減退して、飲んだ時だけ正常に復するのであろうが、現在の場合はそれほどのことでないらしい。やはりこの興奮剤の正当な作用でありきき目であるに相違ない。

（『寺田寅彦随筆集　第四巻』岩波文庫、七一頁）

寺田寅彦

同じ時代、研究室の寺田寅彦と対照的に、大自然の中で淹れて飲むコーヒーについて書いているのが、文豪アーネスト・ヘミングウェイ（一八九九—一九六一年）である。彼は第一次大戦から帰還した夏に、友人とした釣り旅行の体験をもとに、短編小説を書いている。一九二四年の『われらの時代』の中の「二つの心臓の大きな川」である。

主人公ニックは、癒しを求めてひとり自然に分け入り、かつて一緒に旅行した友人ホプキンズのコーヒーの淹れ方への頑固なこだわりを想い出しながら、その淹れ方でコーヒーを淹れ、その熱々のコーヒーを啜るのである。

『コーヒー博物誌』の著者・伊藤博（一九三〇—二〇〇四年）は、その著書の中で、明治中期に現れた喫茶店という場が、文学者やハイカラ知識人のコミュニケーションの場として愛用され、彼ら好みの嗜好品として、コーヒーが文学の中に登場するようになったとして、その事例をたくさん紹介している。

その伊藤が、「日本文学の中のコーヒー」という視点に立てば「圧巻なのは、」として紹介しているのが、『日本の名随筆　珈琲』（作品社）である。その編者の清水哲男（一九三八—）は、あとがきに、「もしもこの世にコーヒーが存在しなかったらと考えると、私たちの想像力や創造力の何パーセントかは、確実に低下していたにちがいないと思う」と書いている。

この『日本の名随筆　珈琲』の中に、獅子文六（一八九三—一九六九年）が『可否道』を終えて」という随筆を書いている。

彼は文学座を立ち上げた演劇人の一人であるが、新聞小説もたくさん書いた。NHKの朝ドラを『連続テレビ小説』というのも、彼原作の第一回『娘と私』以来の伝統である。その彼が一九六二年から半年、『可否道（コーヒーと恋愛）』という小説を読売新聞に連載した。その間、コーヒーを勉強するために外でも内でも連日連夜コーヒーを飲んだ。その結果胃を悪くして、連載の最後のほうは苦闘し、一回分書くごとにぐったりしてしまったという。コーヒーを賛美する作家が多いなか、彼は「コーヒー小説だけは、もうコリた。」と書いている。

この本の四半世紀後に、コロナ・ブックス編集部から出された『作家の珈琲』は、帯に「コーヒーと作家25人のお熱い関係」とあるように、それぞれの作家の著作から、その作家のコーヒーの好み、飲む環境、飲み方についての文章を引用し、その書斎や行きつけのコーヒー店のたたずまい、コーヒーがサービスされる状態などを、関係者の証言とともにカラー写真で魅力的に紹介している。

その中にも紹介されているが、何人かの作家は、コーヒー店を書斎代わりの執筆の場にしていたことがわかる。極端な例が、中上健次（一九四六—一九九二年）である。目次に「活字にしたどれひとつとして喫茶店以外で書いたものはない」とある。別のところでは、「『枯木灘』は家で書いた」とあるので、矛盾ではあるが、それくらい喫茶店でばかり書いていた、ということである。

中上は、喫茶店を「工房」と呼んだうえでこうも書いている。「区切りをつけて店を出るまで、私は一種の催眠状態にいる。催眠術にかかりやすい体質である。／物を書いている時、飯も酒も受けつけない。（……）この工房から離れていると体は肥り、万年筆と集計用紙もってここへ通いはじめると身は細る。工房とは断食道場でもある」（「犬の私」『夢の力』講談社文芸文庫、二八七頁）。

コーヒーという飲み物が作家のイマジネーションに火を点けることは、バルザックも寺田寅彦も書いていたが、喫茶店という、周囲で他人がおしゃべりをしているような環境のほうがかえって集中してものを書きやすい、と多くの日本の作家が言っているのは大変興味深い。欧米の作家の場合はどうなのか。欧米の作家たちがカフェで同じ作家仲間と議論したとか、刺激を受け合ったというエピソードはたくさんあるが、カフェで黙って小説を書いていたという話は聞かない。文学のインキュベーターとしての喫茶店の比較研究が期待される。

コーヒーと健康

本書の冒頭で述べたように、コーヒーは歴史のはじまりにおいて、眠気を覚まし、心身をすっきりとさせる薬に近い飲み物として存在していた。九世紀に書かれたとされる文書には、消化促進、強心、利尿作用など、コーヒーの薬理効果をうかがわせる記録が残っている。一三世紀の後半に入るとコーヒー豆は火と邂逅し、たぐいまれな香りを放つ美味しい飲み物へと変化した。コーヒーは短期間でアラビア半島を北上し、カイロ、イスタンブールを経由して一六世紀から一七世紀初めにはヨーロッパに伝わり、やがて嗜好飲料として世界中で愛飲されるようになったのである。

このようなコーヒーだが、数十年前まではコーヒーを飲むと「カフェイン中毒になる」、「胃によくない」、「がんになりやすい」など、俗説を交え、健康面でネガティブなイメージが伝えられたこともあった。

しかし、近年、コーヒーに対する科学的な研究が進み、コーヒーは肝臓がん、心筋梗塞、糖尿病などの発症リスクを低下させたり、認知症の予防やダイエットに効果があるなどの研究成果が多数発表されるようになってきた。「コーヒーは健康的な飲み物だ」ということが世界的に明らかになってきたのである。

コーヒーには数百種類の成分が含まれているが、その中でも健康によいとされる三大成分のカフェイン、クロロゲン酸、ナイアシンの働きを見てみよう。

カフェインの働き

コーヒーの成分として最も知られているのはカフェインだろう。コーヒーのほか、お茶やココアなどの食品にも多く含まれる。浸出の仕方によって異なるが、一般的なレギュラーコーヒー抽出液一〇〇mlにはカフェインが約六〇ml含まれており、これは紅茶の二倍、煎茶の三倍の量である（七訂 日本食品標準成分表より）。

カフェインの効果に、眠気覚ましや集中力の向上（覚醒作用）、利尿作用などがあることは昔からよく知られているが、そのほかにも血管を拡張したり、胃酸の分泌を促進するなどの作用が確認されている。

近年の研究で明らかになったことの一つに「カフェインを摂取することで代謝が上がる」ということがある。代謝とはエネルギー消費のことである。

左のグラフを見ると、一般に代謝がよいとされる白湯を飲んだ時に較べて、コ

●白湯とコーヒーを飲用した比較実験（エネルギー消費量）

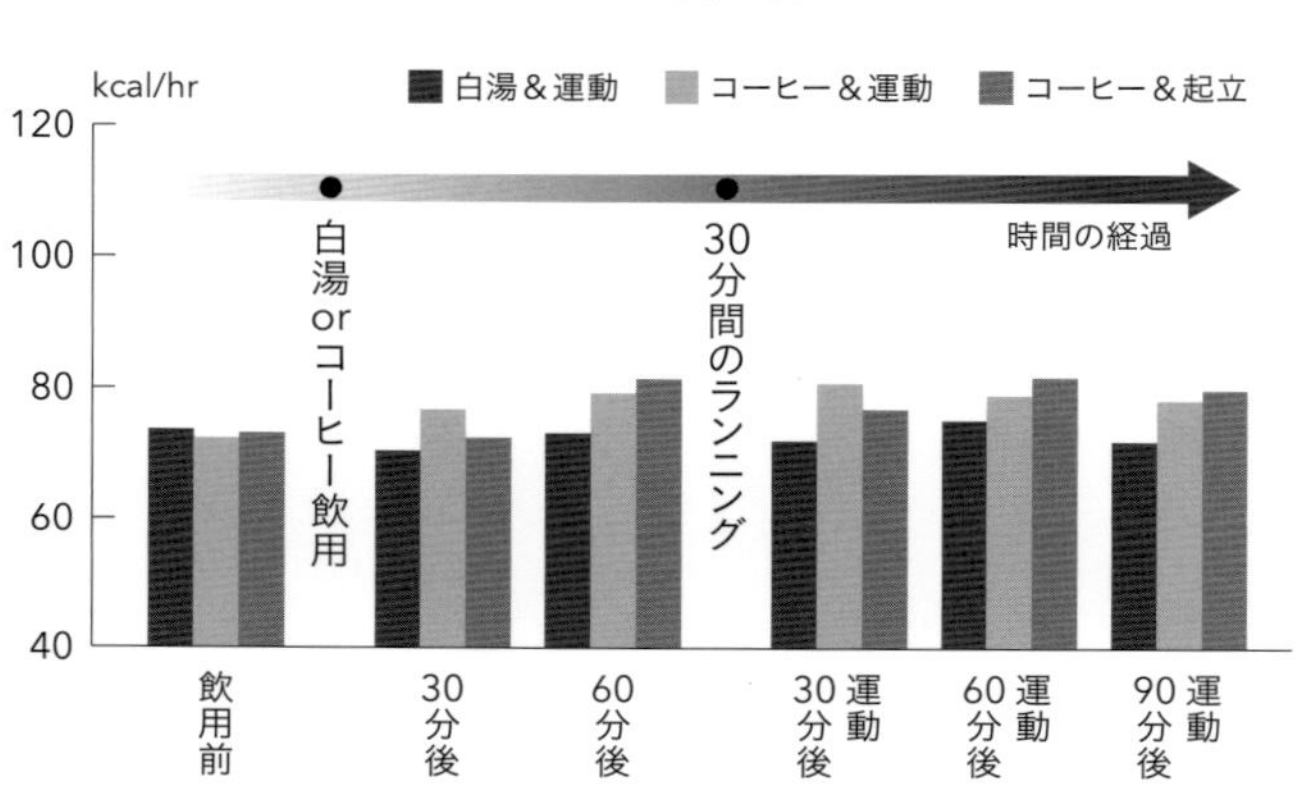

備考：
東京慈恵会医科大学鈴木政登教授による実験結果。
8人の被験者に対し、1週間ずつ間隔をおいて行われた。運動は、白湯の場合もコーヒーの場合も、飲用したあと60分間椅子に座って安静にしたのちに行われた。

出典：
全日本コーヒー協会
http://coffee.ajca.or.jp/webmagazine/health/doctor/health69

ーヒーを飲んだ時のほうが約一・三倍のカロリーを消費していることがわかる。運動と組み合わせると、さらにエネルギー消費効果は高いまま持続されている。

カフェインには身体についた中性脂肪を分解し燃焼を助ける作用がある。つまり、肥満を防止するためには運動前にコーヒーを飲むことが有効だということがわかってきたのである。

カフェインレスコーヒー

カフェインには興奮作用や覚醒作用があるので、妊産婦や授乳期の方、夜寝つきが悪い、あるいは眠りが浅いなどの理由でコーヒーの飲用を控えている方は少なくない。しかしコーヒーには精神的なストレスを軽減する効果や香りによるリラックス効果もあるので、本来はそのような人にこそ心置きなくコーヒーを楽しんでいただきたいものである。

一般に販売されているカフェインレスコーヒーは、「水抽出法（ウォータープロセス）」という方法でカフェインを除去したものである。簡単に言うと生豆を水に浸し、カフェインなどの水溶性成分を溶け出させて生豆から除去するのである。技術は改良されているもののカフェインと一緒に香りや味を形成する成分が逃げてしまい、コーヒー独特の苦味やコクが幾分低下することは避けられなかった。

最近開発された「二酸化炭素抽出法」によって、コーヒーの中のカフェインだけを除去する技術が確立された。今までの水抽出法に較べて苦味や後味の余韻が格段に改善されている。味覚に満足できずにカフェインレスコーヒーを避けてきた方には朗報と言えるだろう。また従前のカフェインレスはインスタントコーヒーが中心だったが、最近はレギュラーコーヒーはもちろん、一杯抽出のドリップタイプやボトル入りの液体コーヒーまで多種多様な商品が販売されている。カフェイン摂取を避けたい方は、カフェインレスコーヒーを試されてはいかがだろうか。

クロロゲン酸の働き

クロロゲン酸はコーヒーに含まれるポリフェノールのことである。赤ワインのアントシアニン、お茶のカテキンなどと同じ仲間に分類される。嗜好飲料のポリフェノール量を見ると、レギュラーコーヒー抽出液一〇〇mlに二〇〇mg含まれているのに対して、緑茶が一一五mg、紅茶が九六mgと圧倒的にコーヒーの含有量が多い。

クロロゲン酸は、その抗酸化作用が特に注目されている。一般に身体の中の脂質が酸化するとフリーラジカルという物質が生成される。フリーラジカルは生命の維持に大切な働きをしているが、過剰になると身体に有害な作用をひき起こす。

◉コーヒー摂取量と肝臓がんの発生率との関係（男女計）
ほとんど飲まない人を１としたときのハザード比

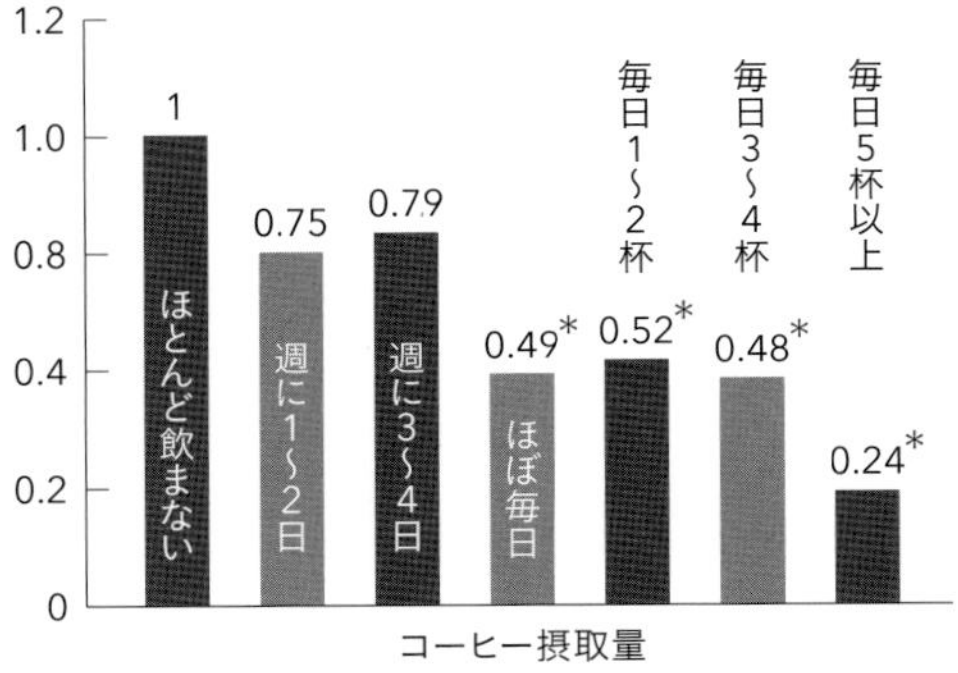

コーヒー摂取量	ハザード比
ほとんど飲まない	1
週に1～2日	0.75
週に3～4日	0.79
ほぼ毎日 毎日1～2杯	0.49*
ほぼ毎日 毎日3～4杯	0.52*
ほぼ毎日 毎日5杯以上	0.48*
毎日5杯以上	0.24*

（解析対象者90,452名、追跡期間中に肝臓がんと診断された人334名）

*統計的に有意（$p < 0.05$）

出典：
独立行政法人国立がん研究センター がん予防・検診研究センター 予防研究部「多目的コホート研究からの成果報告」
http://epi.ncc.go.jp/jphc/

たとえば、ＤＮＡに影響を及ぼし、細胞を狂わせてがんを発症させる原因になるというのである。クロロゲン酸は、脂質の酸化とフリーラジカルの生成を抑制するように作用するので、結果的にがんの発症リスクを抑える効果があると考えられている。

前頁のグラフはコーヒーの飲用と肝臓がんの発症リスクに関する調査結果をまとめたものである。コーヒーを一日五杯以上飲んでいる人は、ほとんど飲まない人に較べて発症リスクが四分の一になっている。四〇歳から六九歳の男女九万人を対象にした追跡調査の結果である。

このほか、コーヒーのクロロゲン酸にはアルツハイマー型認知症や2型糖尿病、動脈硬化などへの予防効果が期待されており、調査・研究が続けられている。

ナイアシンの働き

ナイアシンは、生豆の成分のトリゴネリンが焙煎の熱で分解して生成される。したがって深炒りのコーヒーほど多く含まれる傾向になる。ニコチン酸、ビタミンB_3とも呼ばれるが、煙草のニコチンとはまったく別のもので、心と身体の健康に欠くことのできない物質とされている。善玉コレステロールの機能を高め、動脈硬化を予防する効果があると言われ、そのほかにも、ダイエットや認知症予防などへの効果が期待されている。

ナイアシンは通常体内で自然に作られるが、過度な飲酒によってアルコール分解に使われたりすると不足してしまい、疲れやすくなったり、イライラや肌荒れ、口内炎、下痢、頭痛、めまいなどをひき起こす原因となる。飲酒の際にはナイアシンを一緒に摂るのがよいと言われている。

カフェイン、クロロゲン酸、ナイアシンをはじめコーヒーの成分にはさまざまな健康効果がある。しかし、コーヒーを飲んでさえいれば健康が維持できるということではない。もちろんコーヒーには「薬」のような治療効果もない。食生活を含む規則正しい生活習慣が根底にあり、そのうえで美味しく楽しくコーヒーを飲むことで、さらに健康を維持・増進することができると理解していただきたい。コーヒーは美味しいうえに、健康的な嗜好飲料なのである。

スペシャルティコーヒー

スペシャルティコーヒーの誕生

スペシャルティコーヒーの概念は、いつ、どのようにして生まれたのだろうか。スペシャルティコーヒーという表現は、一九七八年フランスで開催されたコーヒー国際会議でアメリカのエルナ・クヌッセン氏によって初めて使用された。彼女は「特別な気象・地理的条件が、ユニークな（特別な）香気（フレーバー）を有するコーヒーを生む」と提唱したのである。ワインの味わいは生育環境によって形成される、という考え方に似たものと言えるだろう。コーヒー業界においてなぜこのような概念が生まれたのだろうか。

アメリカでは二〇世紀に入って間もなく、焙煎、包装の技術が飛躍的に進歩し、広域の物流インフラが整備されたことによって大量生産、大量消費時代を迎えた。しかし順調に成長し続けたアメリカのコーヒーの消費は一九〇〇年代の後半に入って変調の兆しを見せ始める。ブラジル、コロンビアをはじめとする中南米の生産各国による大増産、輸出価格の過度な下落と競争の激化は品質の低下を招き、アメリカのコーヒー消費は一九六二年をピークに下降していくことになる。いわゆるコーヒー離れが起こったわけである。これに危機感を持った業界の中から高品質で個性的な味わいのコーヒーを提唱していく流れが生まれ、そのための研究や、生産者との連携のあり方が見直されたのである。

一九八二年にはアメリカスペシャルティコーヒー協会（SCAA）が発足し、一九九八年にはヨーロッパスペシャルティコーヒー協会（SCAE）が、そして二〇〇三年には日本スペシャルティコーヒー協会（SCAJ）が設立された。また、ブラジルをはじめコーヒー生産国でもスペシャルティコーヒー協会が設立されている。このようにアメリカで生まれたスペシャルティコーヒーの概念は、今や消費国、生産国を問わず世界的に認知され、「高品質で個性的な美味しいコーヒー」を提供する努力が続けられている。

スペシャルティコーヒーとは

日本スペシャルティコーヒー協会（SCAJ）では、スペシャルティコーヒーの定義を「消費者（コーヒーを飲む人）の手に持つカップの中のコーヒーの液体の風味が素晴らしい美味しさであり、消費者が美味しいと評価して満足するコーヒーであること」としている。

「スペシャルティコーヒー」という言葉から原料（生豆）だけに目を向けがちだが、カップに注がれた抽出液の品質（カップクオリティ）を追求するには、農園での栽培に始まり収穫、選別、輸送、保管、焙煎、抽出に至るまでのすべての段階において品質向上策、品質管理が徹底されていなければならない。この考え方は「from seed to cup」（コーヒーの生産からカップまで）のキーワードにより世界のスペシャルティコーヒー関係者に共有されている。

スペシャルティコーヒーの評価方法

スペシャルティコーヒーは欠点豆の混入がきわめて少ない生豆であることが前提だが、先に述べたように実際にコーヒーを味わう際のカップクオリティを基準とし、最終的には味、香りを確かめるカッピングのスコアで評価される。

評価方法には大きくSCAA方式とCOE（カップ・オブ・エクセレンス）方式の二つがある。両者には評価項目と点数の付け方に若干の違いはあるものの、共通しているのはユーザー側の視点でコーヒーの個性を加点式にポジティブ評価するということである。この評価方法は「生産地に固有の気候や土壌が育む味覚の特性を味わう」というスペシャルティコーヒーの本質に則している。

これに対して生産国側では、第3章の「鑑定」で述べたように、サンプルとなるコーヒー生豆の欠点数をカウントし、異味・異臭の有無をチェックして格付けし、原料として好ましくないものを排除するという減点式の「ネガティブ評価」が行われてきた。この評価方法は、一定水準以上の品質を堅持したコーヒー生豆を安定的に供給していく、という目的に沿って確立されたものである。

カップ・オブ・エクセレンス

コーヒーの国際的な品評会として注目されているCOE（カップ・オブ・エクセレンス）は、一九九九年に開催されたブラジルグルメコーヒーコンペティションとオークションを前身としている。

当時、コーヒーの国際相場は長期にわたって低位安定状態にあり、コーヒーを主要産業とする生産各国の経済は問題を抱えていた。そこで生産者が高品質なコーヒーを提供することで、品質に見合った価格での売買を成立させるという課題を検証するために、国連と国際コーヒー機構の協力を得て開催されたのである。

このようにして、スペシャルティコーヒームーブメントが世界的な広がりを見せる中で、〝高品質で特別な味覚特性を持ったコーヒー〟を探し求める消費国側の動きが合致し、COEの品評会と上位入賞した生豆のネットオークションの開催が定着してきた。

COEのオークションで落札されるコーヒーの量は世界に流通している全体量に較べると微々たるものだが、より付加価値の高いコーヒーを供給していこうとする生産者の意欲と、飲用者が期待する高品質で特別な味わいのコーヒーを調達するという消費国側のニーズを繋ぎ合わせる仕組みとして機能している。COEはブラジルをはじめ、グアテマラ、パナマ、ニカラグア、コスタリカ、エルサルバドルなどの国々で開催されている。

RAINFOREST ALLIANCE CERTIFIED

COLUMN

サステイナブルコーヒー

サステイナブルは〝持続可能な〟という意味。では「持続可能なコーヒー」とは何だろうか。将来にわたってコーヒーが存在し続けるためには、コーヒーノキが健やかに育つ自然環境を守り、農園で働く人たちの生活環境や労働意欲を高めていくことが必要である。サステイナブルコーヒーはこのような目的に沿って生産され、流通するコーヒーの総称である。

コーヒー生産者を支援し、サステイナブルコーヒーの啓蒙・普及に取り組んでいる団体の一つに「レインフォレスト・アライアンス（RA）」がある。RAは環境保全、労働環境の整備などで詳細な基準を作成しており、基準を満たした農園は厳しい監査を経てRA認証を取得することができる。RA認証コーヒーは整備され管理の行き届いた農園で栽培されているので、品質は高い水準で維持されていると考えてよいだろう。品質を信頼し、認証の意義・目的に共感してサステイナブルコーヒーを選択する消費者も増えている。

ただRAのほかにもいろいろな認証が存在する中で、サステイナブルと呼ばれるすべてのコーヒーがそれだけで高品質で美味しいと言いきることは難しい。コーヒー産業が健全な成長を持続していくには、品質と美味しさを追求する視点が欠かせない、と言うことができるだろう。

UCCコーヒー博物館のご紹介

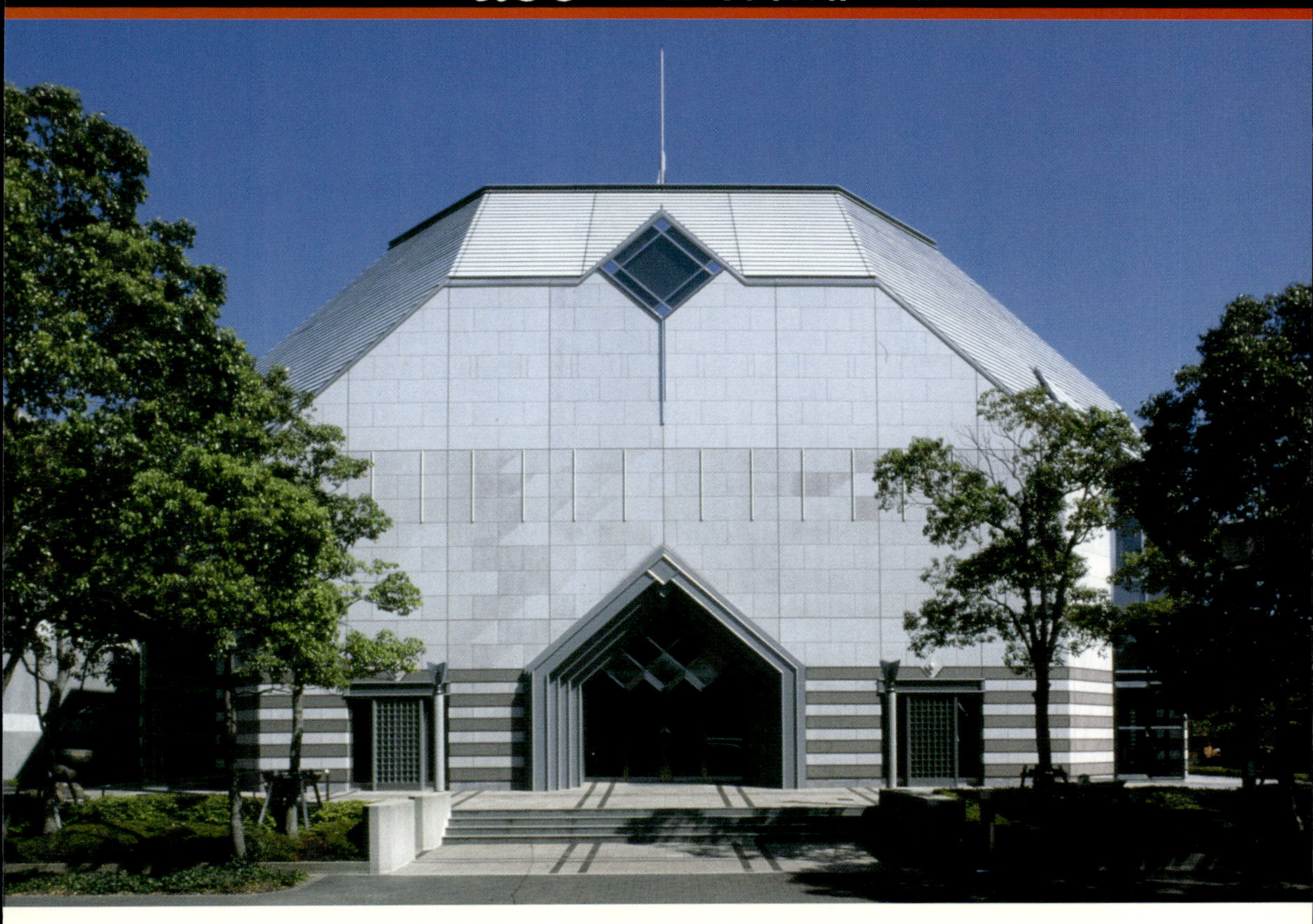

UCCコーヒー博物館は、日本で唯一、世界にも数少ないコーヒー専門の博物館です。「カップから農園まで」を網羅する総合的な展示をしています。イスラム教のモスクを模したユニークな外観をもつこの博物館は、1987年10月1日の"コーヒーの日"に開館しました。
場所は、神戸市のポートアイランドにあり、JR・阪急電鉄・阪神電鉄の三宮駅から新交通ポートライナー（北埠頭行）に乗り、南公園駅で下車。

※コーヒーの日：国際的にコーヒー取引の新年度が始まるのが10月1日であるため、全日本コーヒー協会はこの日を「コーヒーの日」と定めています。2015年にはICO（国際コーヒー機構）が10月1日を「国際コーヒーの日」に制定しています。

入館料		
	大人（高校生以上）	300円
	団体（20名以上）	240円
	シニア（65歳以上）*	150円
	障がい者（介添人1名まで同額）*	150円
	中学生以下	無料

*証明できるものをご提示ください。

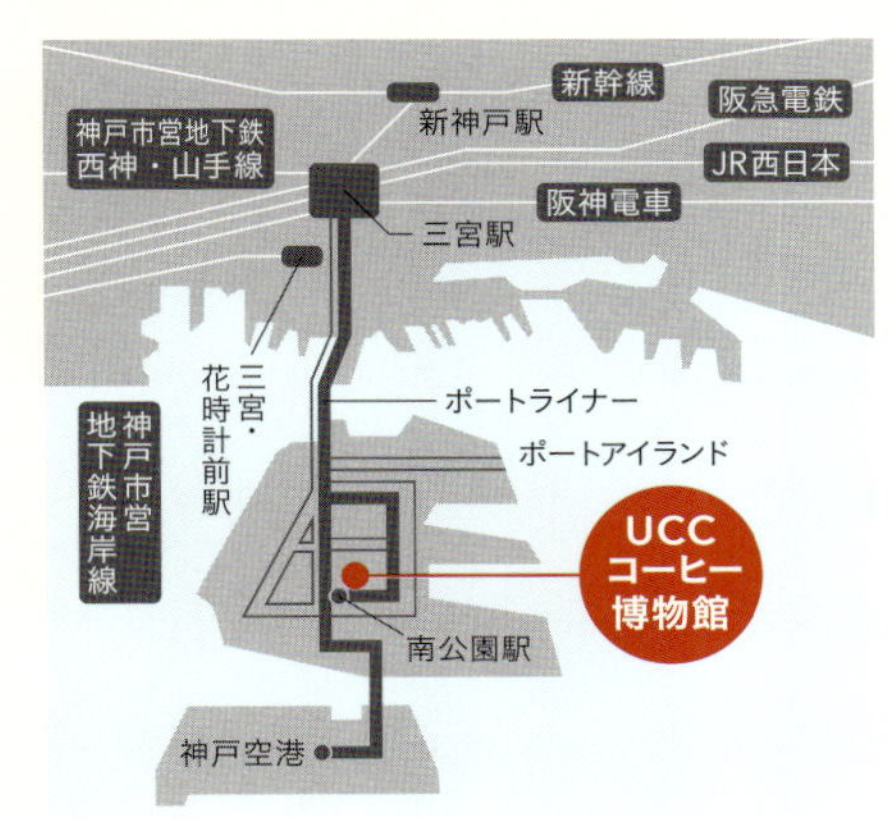

UCCコーヒー博物館

〒650-0046
神戸市中央区港島中町6-6-2
TEL (078) 302-8880
FAX (078) 302-8824

◉開館時間 10:00〜17:00（入館は16:30まで）
◉休館日 毎週月曜日（月曜祝日の場合は翌日）・年末年始
◉ホームページ http://www.ucc.co.jp/museum/
（日本語、英語、中国語、韓国語の展示音声ガイドをご利用いただけます。）

◉沿 革

UCCコーヒー博物館は、「コーヒーの素晴らしさを一人でも多くの人に伝えたい」という、UCC上島珈琲株式会社の創業者上島忠雄の熱い想いで、1987年に開館しました。

その前身は、1981年の「神戸ポートアイランド博覧会」に出展した白いコーヒーカップ型のパビリオン「UCCコーヒー館」です。このパビリオンの骨組みを活かし、コーヒーの歴史で重要な役割を果たしたイスラムのモスク（礼拝所）をイメージした建物へと変貌させたのです。展示については、関西の有識者・文化人から意見を聞き、ヨーロッパとアフリカ、中南米を中心に調査および資料収集を行いました。

神戸ポートアイランド博覧会にて

それから四半世紀。UCCグループ創業80年を機に展示を全面的に刷新し、2013年10月1日「コーヒーの日」にリニューアルオープンしました。博物館は、UCCコーヒーアカデミー、UCCトレーニングセンターとともに、コーヒーに関する世界唯一の立体的な発信基地として機能しています。

今後もUCCコーヒー博物館は、「コーヒーのある豊かな暮らし」を提案し続けていきます。

1987年に博物館オープン

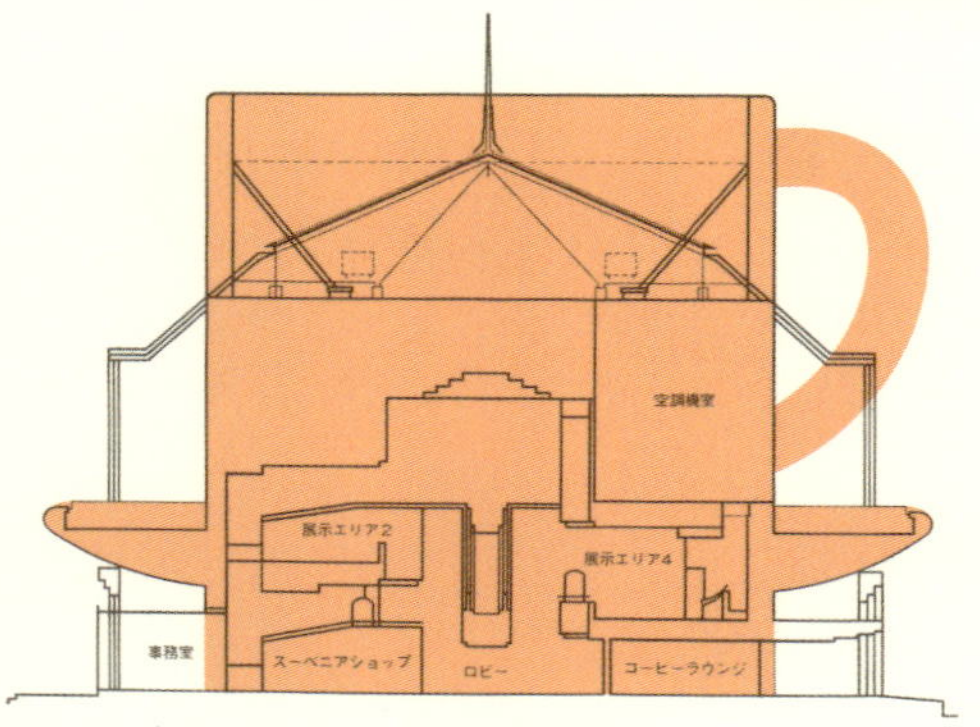

神戸ポートアイランド博覧会UCCパビリオン

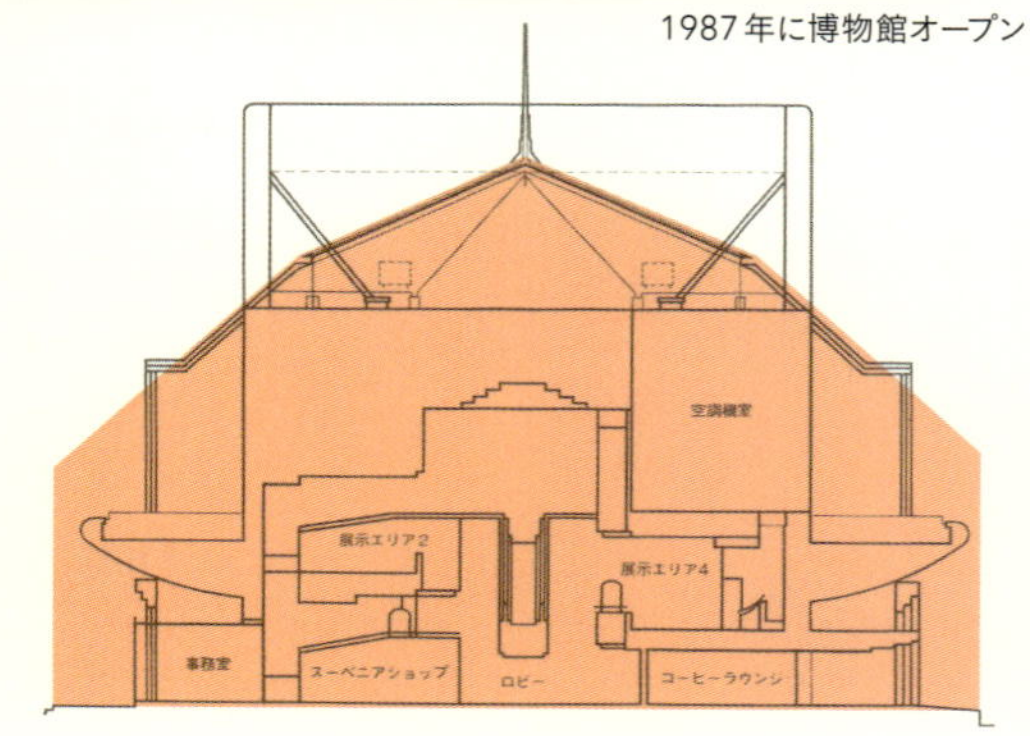

UCCコーヒー博物館

◉スロープを利用した展示室

受付を通り、エスカレーターで最上階まで上がると、ゆるやかなスロープを下りながら展示室1から展示室6までの各展示室を、順序よく見学できる構造になっています。

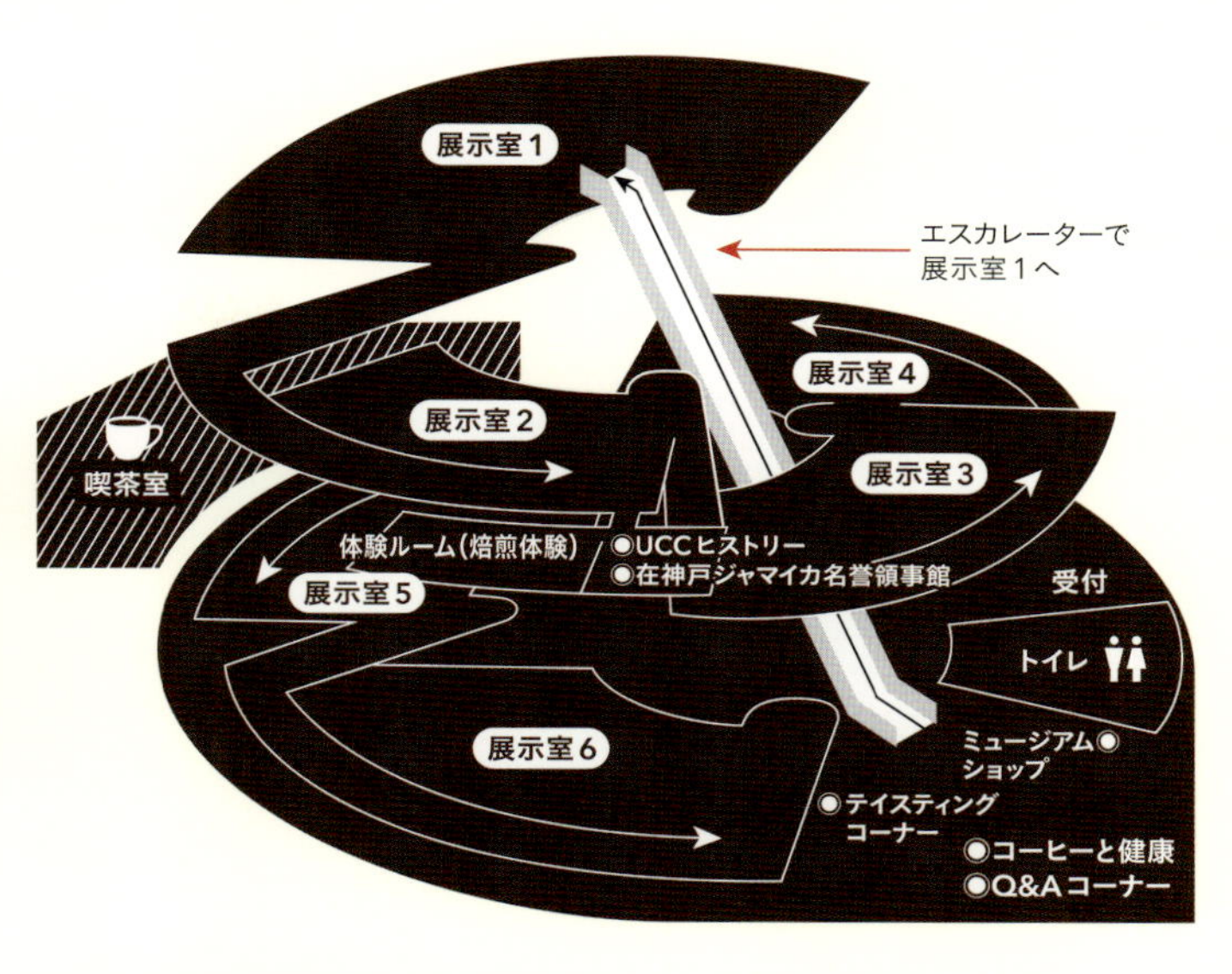

エスカレーターのあるアトリウムには、コーヒーの粉を漉き込んだ手漉き和紙でできた四本の光柱があります。和紙作家堀木エリ子氏の『香風』と題する作品です。

写真提供:(株)丹青社/撮影:フォトジュピー 林巧

展示室 1 起源

コーヒーの起源は1本の苗木から始まります。コーヒーの世界をめぐる奥深い歴史を、この展示室でひも解いていきます。

エスカレーターで上がった正面には、コーヒーノキの苗が置かれています。コーヒーはもともと自然にあった「植物」の実からできるもの。人類がその有用性を発見してから、飲用と栽培が世界に広まっていった歴史を、この1本の苗木が象徴しています。

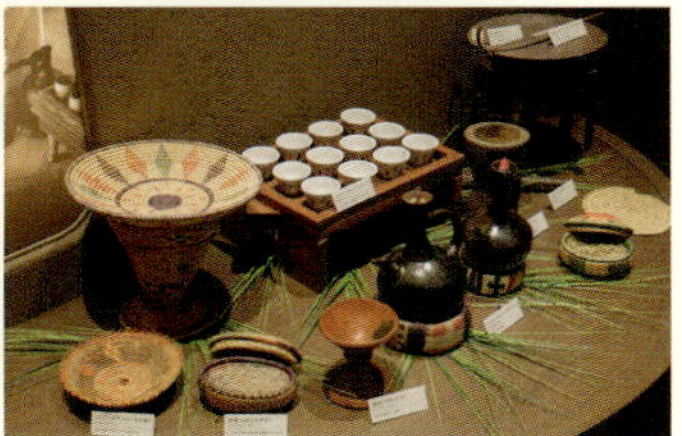

エチオピアの伝統的なコーヒーのセレモニー「カリオモン」に使う道具が展示されています。

展示室 2 栽培

コーヒー農園の一年

コーヒーを育むのは、豊かな自然と、生産地の人々によるきめ細やかな農作業です。生産国ではそれぞれの気候や風土を活かし、さまざまな工夫を凝らしながら、今日も多くの人たちが大切にコーヒーの木を育て、収穫しています。

コーヒーノキが栽培される地域（コーヒーベルト）が大きな地球儀で示され、白い花が咲き、真っ赤な実（コーヒーチェリー）がなる過程が展示されています。

写真提供：（株）丹青社／撮影：フォトジュピー 林巧

コーヒーチェリーの大型模型を開けて見ると、構造がわかるようになっています。収穫したコーヒーチェリーから生豆（コーヒービーン）を取り出すためには「精製」が必要だということがわかります。奥の壁にはさまざまの産地の珍しい生豆が展示されています。

1本の木になるコーヒーチェリーはおよそ3kg。生豆にして500g。これを精製して焙煎したコーヒー豆はわずか400gほどです。

展示室 3 鑑定

人が見い出すひと粒の個性

この展示室では、世界最大のコーヒー生産国ブラジルにスポットを当て、コーヒー生豆の品質を見極める「コーヒー鑑定の世界」を中心にコーヒー生豆が消費国へと旅立つまでの工程を紹介します。

コーヒー産地ブラジルのコーヒー鑑定（品質検査）の様子を再現しました。

写真提供：（株）丹青社／撮影：フォトジュピー 林巧

生豆が詰められた麻袋がどれだけ重いかを体験できます。かつてはその麻袋をいくつも肩に載せて人が運んだのです。

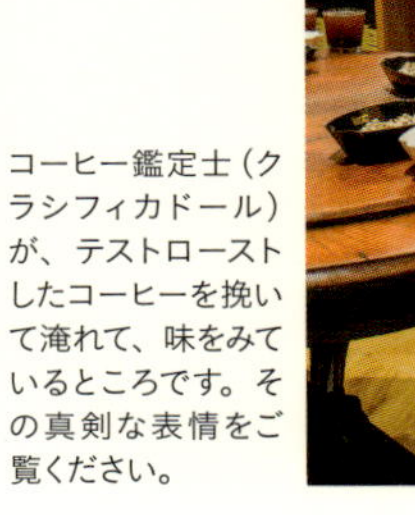

コーヒー鑑定士（クラシフィカドール）が、テストローストしたコーヒーを挽いて淹れて、味をみているところです。その真剣な表情をご覧ください。

展示室 4 焙煎

コーヒーと火の運命の出会い

火との出会いがコーヒーの運命を大きく変えました。焙煎とは、生豆を炒ることによって、コーヒー特有の色や味わい、香りをつくり出す工程です。焙煎はコーヒーの味を左右する重要なポイントであり、焙煎度により味はさまざまに変化していきます。

展示室に入る前のスロープを歩いていると、焙煎機の中で加熱されたコーヒー豆がハゼるパチパチという音が聴こえてきます。中央には焙煎機が動いています。

奥には、昔の焙煎機が並んでいて、生豆をムラなく炒るための工夫の数々を偲ぶことができます。

展示室 5 抽出

美味しいコーヒーを楽しむために

さまざまな時代の抽出器具をはじめ、ご家庭でコーヒーを美味しく淹れる基本から、カフェのアレンジメニューまで、コーヒーの楽しみ方が広がる情報を紹介します。

コーヒーを美味しく淹れるために、どれだけの努力がなされたか、その工夫の歴史を、貴重な実物の抽出器で見ることができます。

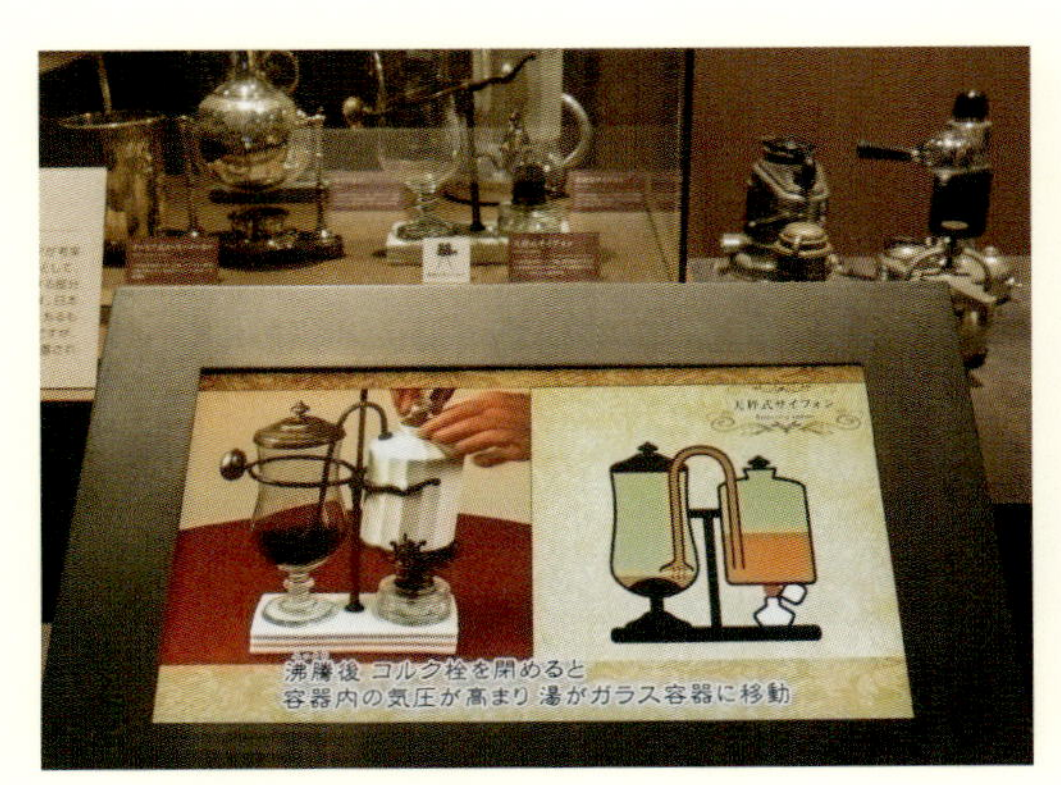

古い器具が動く様子を、映像で見ることができます。

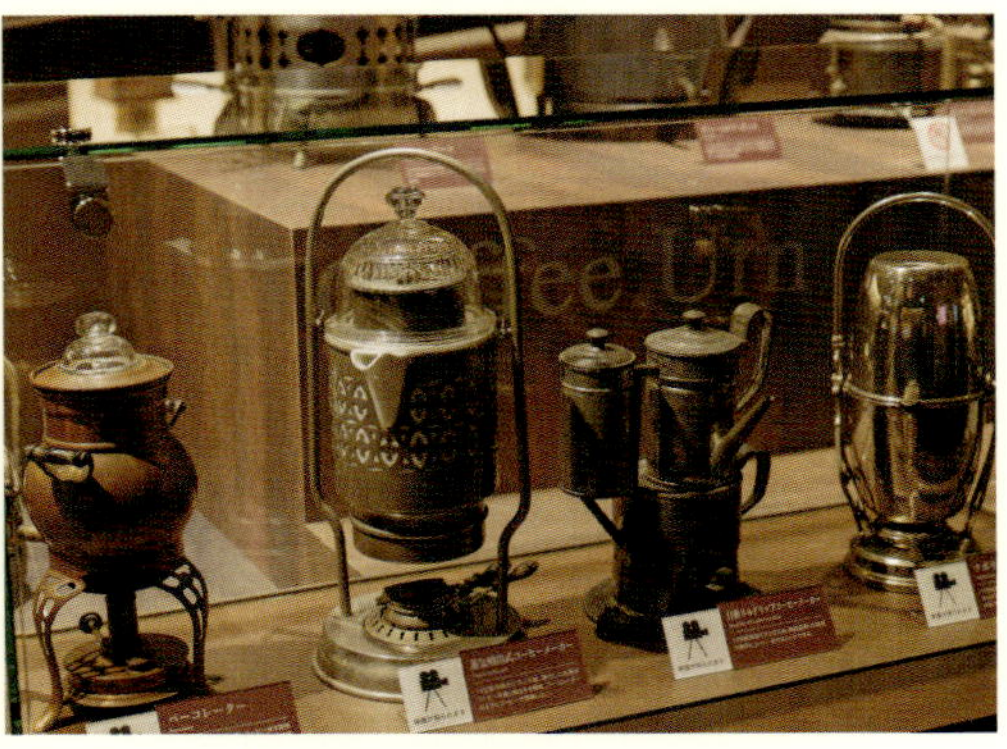

100～150年くらい前の抽出器具のコレクションです。

展示室 6 文化

コーヒーが彩る世界

コーヒーは、いつの時代も人々に愛され、切手や音楽、小説などに数多く登場してきました。生活を彩るコーヒーと、その文化を紹介します。

コーヒーを題材にした小さな美術品「切手」のコレクション。

日本の磁器を手本としたマイセンのカップをはじめ、美味しさを華やかに演出するコーヒーカップの数々をお楽しみください。

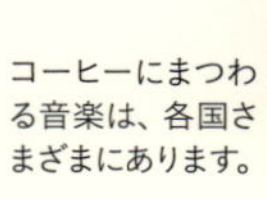

コーヒーにまつわる音楽は、各国さまざまにあります。

◉コーヒーと健康

「コーヒーは健康によい」ことを示す研究結果は世界各国で出てきています。コーヒーをもっと美味しく健康に。

◉コーヒークイズ

見学後は、コーヒークイズに挑戦してください。

クイズに挑戦すると、顔写真入りの認定証がもらえます。

◉UCCヒストリー展示

1933年の創業から現在まで、カップから農園までコーヒーに関わるあらゆる事業を展開してきたUCCの歴史を、製品や当時の映像を通じて紹介しています。UCCが世界で初めて発売した「缶コーヒー」や初期の真空包装レギュラーコーヒーなど、コーヒーの飲用スタイルや楽しみ方が進化してきた様子をご覧ください。

【コーヒー博物館を彩るアート作品】

UCCコーヒー博物館にはコーヒーにかかわるアート作品があります。先述したとおり、アトリウムにある光柱『香風』がまず目立ちます。作者堀木エリ子氏は、公共建築空間に映える大型の和紙作品で実績のあるアーティスト。UCCコーヒー博物館のリニューアルオープンに際して制作されました。

一方、正面玄関にはステンレス製のコーヒー豆のオブジェがあります。作者マーチン・ルビオ氏は、1947年生まれ、米国ニューヨーク在住で、生命の糧である穀物・豆をモチーフとする造形作家です。

館の西側、玄関前のテラスには石のオブジェが置かれています。ベンチとして座ってもかまいません。作者中川幸夫氏（1918—2012）は、香川県出身の前衛いけばな作家ですが、いけばなを超えてガラスや石の造形も手掛けた、強烈な個性のアーティストです。

◉テイスティングコーナー

2種類のコーヒーの飲み比べが体験できます。産地によって、焙煎の深さによって、挽くときの粒の大きさによって、抽出方法によって、どのように味は違うのでしょうか。

◉ミュージアムショップ

麻袋入りコーヒー

ミニ樽

コーヒーの木

選りすぐりのコーヒーをはじめ、コーヒーに関する書籍、コーヒー器具、コーヒーの苗木、かわいいアクセサリーや文房具、雑貨に至るまでコーヒー好きにはたまらない豊富な商品を取り揃えています。

◉喫茶室「コーヒーロード」

直営農園産コーヒーから世界のスペシャルティコーヒーまで常時数十種類のコーヒーを楽しんでいただけます。抽出方法も「ペーパードリップ」「サイフォン」「カフェプレス」から選ぶことができ、味わいの違いを楽しめます（博物館に入館せず喫茶室だけの利用もできます。）

焙煎体験

◉イベント・体験

子どもやコーヒー初心者から、コーヒー通の方まで、コーヒーの楽しさ、美味しさを体験していただくさまざまなプログラムを用意しています。そのなかでもお好みの品種のコーヒー生豆をご自分で炒り上げていく「焙煎体験」は一番人気のプログラムです。

焙煎キット

◉UCCコーヒーアカデミー

気軽に楽しみながらコーヒーを学びたいという初心者向けのコースから、段階的・体系的にコーヒーの知識と技術を高めていく上級者向けのコース、そして人気のラテアートやフードペアリングなど多彩なセミナーを用意しています。また業界トップクラスの専門家を講師に迎えた特別セミナーや海外研修まで、充実の内容と最新の設備を備えたセミナールームで受講生の皆さまをお迎えします。

Q&A

コーヒークイズ①

博物館館内をひととおり巡ると最後にクイズコーナーがあります。三択クイズが5問出題され、全問正解すると「コーヒー大博士」の認定証がもらえます。この本のコーヒークイズで練習しておけば、合格間違いありません。

	問題	回答 A	回答 B	回答 C	ヒント	本書関連頁
1	コーヒーの原産国はどこ?	ブラジル	エチオピア	インドネシア	アビシニア高原で発見されたといわれています。今も野性のコーヒーの木が多く繁っています。	p8
2	コーヒーカンタータを作曲したのは誰?	ベートーベン	モーツアルト	バッハ	女性はコーヒーを飲むべきではない、という当時の風潮を批判して作られました。	p26
3	日本にコーヒーがやってきたのはいつ頃?	江戸時代	明治時代	戦国時代	長崎の出島に伝えられました。	p32
4	初めて日本にコーヒーを伝えたのはどこの人?	中国	ポルトガル	オランダ	日本との貿易が許されていた国の人が、長崎へ持ち込みました。	p32
5	ウィーンで初めてコーヒーハウスを開いたのは誰?	コルシツキー	シェーク・オマール	カルディ	トルコ軍からの戦利品としてコーヒー豆をもらい、コーヒーハウスを開きました。(1683年)	p21
6	ロンドンのコーヒーハウスが「ペニー大学」と呼ばれた理由はなに?	お店のあった通りの名前	入場料	オーナーの名前	新聞や雑誌を読んで大学のように知識を得ることができたのでこう呼ばれました。	p22
7	コーヒーが栽培される南北緯25度の地域を何と呼ぶ?	コーヒーベルト	コーヒーエリア	コーヒーリボン	コーヒー栽培に適した地域で、「コーヒーゾーン」とも呼ばれます。	p45
8	真っ赤に熟したコーヒーの実は、何と呼ばれる?	コーヒーベリー	コーヒービーンズ	コーヒーチェリー	赤い実がサクランボに似ていることから呼ばれています。	p38
9	コーヒーの花は何色?	黄色	赤色	白色	ジャスミンのような甘い香りの花が咲きます。	p37
10	コーヒーは、何科の植物?	バラ科	アカネ科	ツバキ科	その科の仲間には、クチナシなどがあります。	p39
11	強い日差しからコーヒーの木を守る、背の高い木を何と呼ぶ?	シェードツリー	ハイドツリー	コーヒーツリー	コーヒーの木は、強い日差しが苦手。バナナやマンゴーの木などで木陰を作り、コーヒーの木を守ります。	p38
12	ブルーマウンテンコーヒーは何に入って出荷される?	ブリキの缶	ガラスの瓶	木の樽	ほぼ無臭とされるものが使われています。	p45
13	ブラジルでクラシフィカドールと呼ばれる仕事。日本語では何と呼ばれる?	コーヒー調香士	コーヒー鑑定士	コーヒー吟味士	味覚や嗅覚を研ぎ澄まして、コーヒーの品質を判定する仕事です。	p54
14	コーヒーの品質を鑑定する時に使う道具は、次のうちどれ?	スプーン	定規	スコップ	コーヒーを霧状に吸い上げ、味や香りを瞬時に利き分けます。	p56

Q&A

コーヒークイズ②

	問題	回答 A	回答 B	回答 C	ヒント	本書関連頁
15	コーヒー生豆のサイズを測る道具は何？	スクリーン	スケール	定規	大きさの違う目（穴）のふるいを重ねたもの。豆の大きさは、コーヒーの等級を決める要因の一つです。	p54
16	コーヒー生豆はどんな袋に詰められる？	木綿の袋	絹の袋	麻の袋	通気性、耐久性に優れたものが使われます。	p44
17	インスタントコーヒーを発明したのは、どこの国の人？	アメリカ	日本	フランス	1899（明治32）年、加藤サトリが発明しました。	p35
18	缶コーヒーは、日本の発明品。大ヒットしたきっかけは？	東京オリンピック	大阪万博	テレビCM	UCCが1969（昭和44）年に開発し、翌年に大ヒットとなりました。	p35
19	アイスコーヒーに適したコーヒー豆の焙煎度合いは？	浅炒りの豆	中炒りの豆	深炒りの豆	飲み物を冷やすと、人間の舌は味を感じにくくなります。	p83
20	日本の年間コーヒー輸入量は、世界で何番目？（2013年ICO統計）	3番目	5番目	7番目	日本の年間コーヒー消費量は、アメリカ、ブラジル、ドイツに次いで、第4位です。	—
21	ヨーロッパで初めて白い磁器を焼いたのはどこの窯？	ヘレンド	マイセン	ロイヤルコペンハーゲン	1709年、ベドガーによって白色磁器が誕生しました。	p91
22	小さなカップをデミタスと呼びます。これは何語？	イタリア語	ドイツ語	フランス語	デミ（demi＝半分の）、タス（tasse＝カップ）で半分のカップ、という意味になります。	p90
23	ひげをはやした人専用のコーヒーカップの特徴とは？	ひげ押さえが付いている	ストローが付いている	スプーンが付いている	セットした口ひげが濡れないように、付いています。	p93
24	トルコ式のコーヒー抽出器具の名前は何？	サイフォン	イブリック	パーコレーター	ひしゃく型の器に水、コーヒーの粉、砂糖を入れてコーヒーを煮出します。	p70
25	日本最初の喫茶店ができたのは、いつ？	明治元年（1868）	明治21年（1888）	大正2年（1913）	鄭永慶（ていえいけい）によって、東京の上野に開店した「可否茶館」が始まりとされています。	p32
26	20世紀初頭に出版された「コーヒー界の聖書」とも呼ばれる本のタイトルは？	ザ・コーヒー	オール・マイ・コーヒー	オール・アバウト・コーヒー	ユーカーズによって1922年に刊行。1995年、UCC監訳により日本語で出版された。	p134
27	ブラジルで実際に発行されたコーヒー切手の特徴は？	コーヒーの香りがする	コーヒー豆の形をしている	コーヒーカップの形をしている	2001（平成13）年、ブラジルで発行されました。	p102
28	「昔アラブの偉いお坊さんが…」という歌詞で始まるコーヒーの曲といえば？	コーヒーワルツ	コーヒーサンバ	コーヒールンバ	原曲はベネズエラのもの。日本語の歌詞はオリジナルで、原曲とは異なる内容です。	p105
29	トルコで、コーヒーを飲んだあと、カップに残った粉を使ってすることは何？	占い	顔のパック	食器洗い	オスマン帝国時代から、今も引き継がれている文化です。	p70
30	UCCコーヒー博物館の開館は、1987年の何月何日？	4月1日	10月1日	12月1日	1987（昭和62）年のコーヒーの日です。	p118

コーヒークイズ③

	問題	回答A	回答B	回答C	ヒント	本書関連頁
31	日本人で初めてコーヒーを飲んだ体験記を書いた人物は？	大田蜀山人	平賀源内	坂本龍馬	オランダ船でコーヒーを飲んだ時の様子を、「焦げくさくて美味しくない」と書き残しています。	p32
32	コーヒーの実は、熟すと何色になる？	茶色	赤色	緑色	サクランボに似ているところから、コーヒーチェリーと呼ばれています。	p38
33	コーヒーの生産国は、約何カ国あるでしょうか？	20～30カ国	60～70カ国	100～120カ国	コーヒーベルト上の国々で栽培されています。	p45
34	エチオピアで行われているコーヒーセレモニーは何？	カリオモン	ハラール	カファ	人々が集まってともにコーヒーを飲むことで、絆を深めます。	p11
35	UCCコーヒー博物館の前身は、どんな形の建物？	コーヒーの木の形	コーヒー豆の形	コーヒーカップの形	1981（昭和56）年開催の“神戸ポートピア博覧会”のパビリオンでした。	p118
36	カネフォラ種ロブスタの生産が世界一の国は？	インドネシア	ベトナム	コートジボワール	語源の“ロブスト（robust）＝強い”が示すように、病虫害に強い品種です。	p51
37	アラビカ種の生産が世界一の国は？	ブラジル	コロンビア	インドネシア	エチオピアが原産。単品での飲用に適する品種です。	p50
38	初めコーヒーを飲んでいたのは何教の人？	キリスト教	仏教	イスラム教	UCCコーヒー博物館の建物はその宗教施設のイメージです。	p11
39	コーヒーを発見したという伝説のヤギ飼いの名は？	モカ	カルディ	カディール	放し飼いにしているヤギがコーヒーの実を食べて興奮していたのです。	p8
40	コーヒーに洗礼を施したローマ教皇の名は？	クレメンス8世	ピオ12世	フランシスコ	日本で言えば関ケ原の合戦の頃です。	p15
41	イタリア人が朝、エスプレッソを飲む店は？	バー	カフェ	バール	あっという間に飲み干して職場に向かうようです。	p15
42	コーヒーの苗木をブラジルにもたらした人は？	ドミンゴ	パリヘッタ	ホルヘ	別れの花束の中にコーヒーの苗木が。	p17
43	英国のコーヒーハウスから生まれた世界的保険会社は？	アリアンツ	ロイター	ロイズ	船舶保険の引受人たちがコーヒーハウスに集ったと言われています。	p23
44	コーヒーの木を長生きさせるために数年に一度、幹を切ることを何という？	キックバック	カットバック	セットバック	長生きのために、下のほうで切るってすごい知恵ですね。	p39
45	樽詰めで出荷される高級品種ブルーマウンテンはどこの国の銘柄？	ジャマイカ	ハワイ	グアテマラ	カリブの島国です	p50
46	コーヒー豆のブレンドで配慮すべき要素は、個性とコク、あと一つは？	甘さ	風味	後味	人体に例えると、コーヒーの「足」に当たる部分です。	p64

Q&A

コーヒークイズ④

	問題	回答 A	回答 B	回答 C	ヒント	本書関連頁
47	コーヒー豆を挽くときに 発生しないほうがよいものは？	香り	熱	音	家庭で挽く量ならたいしたことはないのですが、大量に挽く工場ではいろいろ工夫を。	p66
48	1800年頃、ドリップポットを 発明したフランス人は？	ベロワ	ロベール	フランソワ	名前は伝わっていますが、どういう人物かはよくわかっていません。	p71
49	ペーパードリップの 紙フィルターを発明したのは？	日本の主婦	英国の主婦	ドイツの主婦	こういう合理的なことを発明しそうなのは？	p73
50	サイフォンというのは どういう意味？	気圧	管	温度	サイフォンの原理という物理学の知識のある人はかえって間違えそう。	p74
51	水出しコーヒーが発明された 場所の、現在の国名は？	インドネシア	オランダ	ドイツ	水出しコーヒーのことを別名で何といいますか。でももうひとひねり考えてください。	p76
52	ラテアートを、ピッチャーから ミルクを注ぐだけで作る技を 何という？	リーフポア	ポリープ	フリーポア	「注ぐ」を英語で言ってみましょう。	p85
53	映画『ローマの休日』で 米国人記者が カフェで飲むコーヒーは何？	アメリカン	アイスコーヒー	エスプレッソ	当時、とても斬新な飲み方だったのです。	p83
54	抽出されたコーヒー液の 香りを何という？	アロマ	フレグランス	フレーバー	「コーヒールンバ」の歌詞にも出てきますね。	p87
55	世界初の缶コーヒーは どんな味だった？	アメリカン	ブラックコーヒー	ミルクコーヒー	だから開発には大変な苦労があったのです。	p35
56	コーヒーの香り、苦味、 色のもととなっている成分は？	ポリエステル	ポリフェノール	ポリプロピレン	ワインにも入っていますね。	p113
57	UCCコーヒー博物館の もととなったパビリオンが 出展した博覧会は？	大阪万博	ポート アイランド博	愛知万博	今ある場所から考えてください。	p118

コーヒー年表①

[おもな出来事]	[コーヒーに関する出来事]	
	6世紀頃 から飲まれていた、9世紀末 医学書に登場	→p11
	15—16世紀 に、エチオピアのアビシニア高原から南アラビアのイエメン地方に移植	→p11
1492 コロンブス、アメリカ大陸到達		
	1510 エジプト・カイロに伝わる	→p11
1519 マゼラン世界一周に出発		
	1554 コンスタンチノープルに世界初のコーヒー店「カフェ・カーネス」開店	→p13
	1587 アブダル・カディール「コーヒー由来書」を著す	→p12
	1600頃 ローマ法王クレメンス八世、コーヒーに洗礼を施す	→p15
	1606 ジョン・スミス船長、米バージニアへ入植。コーヒーを持ち込む	→p28
	1616 オランダ、イエメン・モカから苗木持ち帰る	→p16
	1645 ベネチアで欧州初のコーヒー店	→p15
1649 英国清教徒革命		
	1650 英国オックスフォードにコーヒー店 （1652 ロンドンでも。「ペニー大学」と呼ばれ、情報センターに）	→p22
	1669 仏ルイ14世にトルコ大使がコーヒーを献上	→p24
	1670年代 ドイツに伝わる ババ・ブーダン、イエメンからインドへ種を持ち出す	→p26 →p17
	1683 コルシツキー、ウィーン初のコーヒー店「青い瓶」を開く	→p21
1688 英国名誉革命	1689 パリ初のコーヒー店「カフェ・ド・プロコープ」開く	→p24
	1699 オランダ、ジャワで栽培に成功	→p17
	1700 仏領ギアナからブラジルへ苗木がわたり、栽培開始	→p17
	1723 ド・クリュー、パリ植物園からマルティニーク島へ苗木を運ぶ。各地で栽培始まる 1727 ブラジル、1728 ジャマイカ、1750 グアテマラ	→p17
	1732 バッハ「コーヒー・カンタータ」初上演	→p26
	1760 ローマに「アンティコ・カフェ・グレコ」開店	→p15
1773 ボストン茶会事件 →p29		
1776 アメリカ独立宣言	1776 ツンベルクが出島の一部の日本人がコーヒーを飲んだことを記す	
	1782 志筑忠雄「萬国管窺」我が国初のコーヒー文献	→p32
1789 フランス革命	各地で栽培始まる 18世紀後半 コロンビア、1790 メキシコ、1828 ハワイ	→p17
	1800頃 仏ドゥ・ベロワ、ドリップ・ポットを発明	→p70
1804 ナポレオン皇帝即位	1804 大田南畝、コーヒー飲用体験記す	→p32
1806 ナポレオン大陸封鎖		
	1826 シーボルト、コーヒー飲用の効を説く	→p32
1840 アヘン戦争	1840 英国でサイフォン発明	→p74
1853 ペリー浦賀来航、 翌1854 日米和親条約		
1859 ダーウィン「種の起源」		
1861 米国南北戦争	各地で栽培始まる 1865 ベトナムでロブスタ種栽培開始、1877 タンザニア	
1868 明治維新	1868 日本におけるコーヒー豆輸入記録	→p32
	1878 小笠原島で実験栽培開始	→p17
	1888 東京下谷黒門町（現・上野）に「可否茶館」開店	→p32
1894 日清戦争		

コーヒー年表②

[おもな出来事]	[コーヒーに関する出来事]	
	1899 加藤サトリ、インスタントコーヒーを発明	→p35
	1900 浅草にダイヤモンドコーヒー開店、その後カフェ・パウリスタ、カフェ・プランタンなどが続く	→p32
	1907 米国でインスタントコーヒー軍用に製造	→p35
1914 パナマ運河開通、第一次世界大戦		
1923 関東大震災		
1929 世界経済恐慌		
	1937 日本のコーヒー輸入量が戦前のピークに 翌年から輸入制限が始まり暗黒時代に	→p33
1939 第二次世界大戦		
1945 大戦終結、国連設立		
1950 朝鮮戦争で日本景気回復	1950 日本、コーヒーの輸入再開	→p34
1957 ソ連人工衛星打ち上げ		
	1960 日本、生豆輸入全面自由化	→p34
	1962 第一次国際コーヒー協定成立	
	1963 国際コーヒー機構（ICO）設立	
1964 東京オリンピック	1964 日本、国際コーヒー協定に正式加盟	
	1960年代後半 コンテナ輸送革命起きる	→p58
	1969 UCC上島珈琲、缶コーヒー発売	→p35
1973 第一次石油危機		
1975 ベトナム戦争終結	1975 ブラジルに霜害、コーヒー減産	
	1980 価格安定のため、国際コーヒー機構加盟輸出国から輸入国向け輸出総量割り当て制に。ドトール（セルフ式カフェ）開店	→p34
	1982 米スペシャルティコーヒー協会設立	→p115
	1983 社団法人全日本コーヒー協会が「コーヒーの日（10/1）」を制定	
	1985 ブラジルで大かんばつ、コーヒー減産	
1986 米スペースシャトル爆発、ソ連チェルノブイリ原発事故	1986 コーヒー相場急騰	
	1987 UCCコーヒー博物館開館 日本のレギュラーコーヒー消費量初めて10万tを突破	→p117
1990 東西ドイツ統一		
	1993 日本コーヒー文化学会設立	
1995 阪神・淡路大震災		
	1996 スターバックス日本1号店開店（セカンドウェーブ）	→p34
1997 地球温暖化防止京都会議		
	1998 欧州スペシャルティコーヒー協会設立	→p115
2001 米同時多発テロ（9・11）		
	2003 日本スペシャルティコーヒー協会設立	→p115
2008 リーマンショック		
2011 エジプト革命に続く「アラブの春」、中東不安定化、東日本大震災（3・11）		
	2013 UCCコーヒー博物館リニューアルオープン	→p118
	2015 ブルーボトルコーヒー日本1号店開店（サードウェーブ） ICOが10月1日を「国際コーヒーの日」に制定	→p34

【参考文献】

◉上島忠雄
『コーヒー入門
いれ方・楽しみ方 付開業の手引』
池田書店 1974

◉全日本コーヒー商工組合連合会
日本コーヒー史編集委員会編
『日本コーヒー史（上・下）』
全日本コーヒー商工組合連合会 1980

◉小林章夫
『コーヒー・ハウス
18世紀ロンドン、都市の生活史』
駸々堂出版 1984
（講談社学術文庫 2000）

◉全日本コーヒー協会
『珈琲BOOK』
全日本コーヒー協会 1985

◉上島珈琲本社編
『コーヒー読本』
東洋経済新報社 1985

◉柄沢和雄
『世界のコーヒー店
アメリカ&ヨーロッパ』
柴田書店 1985

◉UCCコーヒー博物館
『珈琲寶殿』
UCCコーヒー博物館 1987

◉ヴォルフガング・シヴェルブシュ
（福本義憲訳）
『楽園・味覚・理性
嗜好品の歴史』
法政大学出版局 1988

◉ヴォルフガング・ユンガー
（小川悟訳）
『カフェハウスの文化史』
関西大学出版部 1991

◉清水哲男編
『日本の名随筆3 珈琲』
作品社 1991

◉臼井隆一郎
『コーヒーが廻り世界史が廻る
近代市民社会の黒い血液』
中央公論社 1992

◉諸岡博熊
『珈琲大百科』
いなほ書房 1993

◉UCC上島珈琲編
『コーヒー読本（第2版）』
東洋経済新報社 1993

◉伊藤博
『コーヒー博物誌』
八坂書房 1993（新装版 2001）

◉UCCコーヒー博物館
『コーヒーという文化』
柴田書店 1994

◉柴田書店書籍部編
『コーヒーがわかる本』
柴田書店 1994

◉ジル・ノーマン（徳永優子訳）
『コーヒー
（リトルブック・ライブラリー
——食卓のおしゃべり）』
同朋舎出版 1994

◉ウィリアム・H・ユーカーズ
（UCC上島珈琲監訳）
『オール・アバウト・コーヒー
コーヒー文化の集大成』
TBSブリタニカ 1995

◉暮しの設計編集部編
『珈琲をおいしく飲もう』
中央公論社 1995

◉中林敏郎他
『コーヒー焙煎の化学と技術』
弘学出版 1995

◉ハンス＝ヨアヒム・シュルツェ
（加藤博子訳）
『コーヒーハウス物語』
洋泉社 1995

◉全日本コーヒー協会
『からだが元気になる
コーヒーの飲み方』
全日本コーヒー協会 1996

◉伊藤博
『コーヒーを科学する』
時事通信社 1997

◉泉谷希光
『COFFEE & HEALTH』
全日本コーヒー協会 1998

◉UCC上島珈琲編
『コーヒーハンドブック』
池田書店 1999

◉佐賀県立九州陶磁文化館
『日蘭交流四〇〇周年記念
佐賀県立九州陶磁文化館開館
二〇周年記念 古伊万里の道』
佐賀県芸術文化育成基金 2000

◉全日本コーヒー協会
『コーヒーのことからだのこと』
全日本コーヒー協会 2000

◉広瀬幸雄・星田宏司
『コーヒー学講義』
人間の科学新社 2001

◉たばこ総合研究センター（TASC）編
『談 別冊 shikohin world coffee』
2001 TASC

◉柄沢和雄
『世界カフェ紀行』
いなほ書房 2002

◉高田公理・栗田靖之・CDI編
『嗜好品の文化人類学』
講談社 2004

◉高田公理・嗜好品文化研究会
『嗜好品文化を学ぶ人のために』
世界思想社 2008

◉明石和美
『世界のかわいいカップ&ソーサー
アンティーク、ヴィンテージと暮らす』
誠文堂新光社 2012

◉丸山健太郎
『珈琲 完全バイブル』
ナツメ社 2014

◉上野憲示
『KAKIEMON おもしろ日本美術II』
文星芸術大学出版 2014

◉高井尚之
『カフェと日本人』
講談社 2014

◉コロナ・ブックス編集部
『作家の珈琲』
平凡社 2015

◉numabooks編
『コーヒーの人 仕事と人生』
フィルムアート社 2015

◉旦部幸博
『コーヒーの科学』
講談社 2016

◉Bernhard Rothfos
“Cofea Curiola”
Codian-Max Rieck GmbH, Hamburg 1968

◉Felipe Ferré
“L’aventure du Café”
Denoël 1988

◉謝辞

この本の出版は、画像を提供いただいた内外の博物館美術館と、上野憲示先生、フォスの詩の訳文を提供いただいた臼井隆一郎先生、コーヒー切手に関して協力いただいた突々啓行氏、写真を提供いただいた（株）丹青社、新たに撮り下ろしていただいた二村春臣氏、山本尚侍氏ほか、多数の方々の協力で実現できました。

執筆編集で協力いただいた（株）シィー・ディー・アイ（疋田正博氏、箕輪真紀氏）をはじめ、企画段階から尽力いただいた藤﨑寛之氏と河出書房新社ふくろうの本の関係者、本書に携わった全ての方々に深く御礼申し上げます。

●著者略歴
UCCコーヒー博物館
「コーヒーの素晴らしさを一人でも多くの人に伝えたい」という熱い想いで作られた、日本で唯一、世界にも数少ないコーヒー専門の博物館。
神戸市中央区のポートアイランドにある。

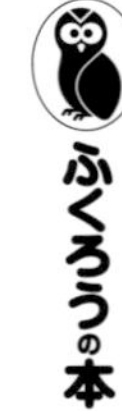

図説　コーヒー

二〇一六年一〇月三〇日初版発行
二〇一七年一一月一〇日2刷発行

著者……………UCCコーヒー博物館
装幀・デザイン……………熊澤正人＋村奈諒佳（パワーハウス）
発行者……………小野寺優
発行……………河出書房新社
東京都渋谷区千駄ヶ谷二-三二-二
電話　〇三-三四〇四-一二〇一（営業）
〇三-三四〇四-八六一一（編集）
http://www.kawade.co.jp/
印刷……………大日本印刷株式会社
製本……………加藤製本株式会社

Printed in Japan
ISBN978-4-309-76243-2